动态多目标优化进化算法及其应用

刘淳安　著

科　学　出　版　社
北　京

内 容 简 介

本书在全面总结国内外关于动态多目标优化及其进化算法发展现状、基础理论及实现技术的基础上，着重介绍了作者基于进化计算的动态多目标优化方面的研究成果，主要包括：动态无约束多目标优化进化算法；动态约束多目标优化进化算法；离散时间空间上的动态多目标优化进化算法；基于粒子群算法的动态多目标优化求解方法；基于进化算法求解动态非线性约束优化问题；动态多目标进化算法性能评价指标度量方法；动态多目标优化问题测试集．为便于应用，书后附有部分算法源程序．

本书可供理工科院校计算机、自动化、信息、管理、控制与系统工程等专业的高年级本科生、研究生和教师、科研工作者阅读，也可供自然科学和工程技术领域相关人员参考．

图书在版编目(CIP)数据

动态多目标优化进化算法及其应用 / 刘淳安著．—北京：科学出版社, 2011，10

ISBN 978-7-03-032374-3

I. ①动… II. ①刘… III. ①多目标（数学）—算法—研究 IV. 0224

中国版本图书馆 CIP 数据核字(2011)第 191008 号

责任编辑：赵彦超 李 欣 / 责任校对：刘亚琦
责任印制：赵 博/ 封面设计：王 浩

科学出版社出版
北京东黄城根北街 16 号
邮政编码：100717
http://www.sciencep.com
三河市骏杰印刷有限公司印刷
科学出版社发行 各地新华书店经销
*
2011 年 10 月第 一 版 开本: 720 × 1000 1/16
2025 年 3 月第二次印刷 印张: 10 3/4
字数: 200 000

定价：59.00 元

(如有印装质量问题，我社负责调换)

序

计算机的出现使人类的科学研究进程得到了快速发展，也使一些困难问题有了新的解决方法，众多领域都因研究工具的进步而重现生机，同时也诞生了许多新兴学科.

在进化计算领域，基于达尔文进化论的进化算法在求解静态多目标优化问题方面取得了令人瞩目的进展. 然而，在现实生活中，许多问题不仅有多个目标，而且各目标是与时间因素有关的，人们把这类与时间有关且多个目标需同时优化的问题称为动态多目标优化问题. 动态多目标优化问题，因其具有多个依赖时间的相互冲突、不可公度的目标，加之其 Pareto 最优解随时间的变化会发生改变，所以对其优化比较困难，通常很难设计出一种通用的有效求解方法.

该书是作者近年来在多项国家、省厅级自然科学基金项目的资助下，取得的一些关于动态多目标优化进化算法研究成果的总结. 该书在全面介绍国内外动态多目标优化问题及其进化算法发展现状、基础理论及实现技术的基础上，着重针对几类动态多目标优化问题进行了比较系统深入的研究，针对不同类型问题提出了不同的进化算法. 同时，还对动态多目标优化进化算法性能度量方法、动态多目标优化问题测试集的构造及常见的动态多目标测试函数进行了详细的介绍. 该书内容丰富、阐述严谨、思想方法新颖，具有一定的应用价值，不失为我国智能计算和智能优化领域又一部有一定阅读和参考价值的著作.

王宇平

西安电子科技大学计算机学院

前　言

最优化问题是工程实践和科学研究中主要的问题之一，动态优化问题（dynamic optimization problems，DOP）是指其目标函数不仅与决策变量有关，而且还会随着时间（环境）动态变化，因此其最优解也会随着时间（环境）动态改变．静态优化问题（static optimization problems，SOP）是指其目标函数仅与决策变量有关，其最优解不随时间（环境）的变化而改变的问题．动态优化问题一般包括动态单目标优化问题（dynamic simple-objective optimization problems，DSOP）和动态多目标优化问题（dynamic multi-objective optimization problems，DMOP）两大类．动态多目标优化问题，起源于复杂的实时设计、建模和规划问题，这些问题包括生产调度、人工智能、组合优化、工程设计、大规模数据处理、城市运输、水库管理、网络通信、数据挖掘和资本预算等，现实生活中的很多重要决策问题都存在动态多目标优化问题．因 DMOP 具有多个依赖时间（环境）的相互冲突、不可公度的目标，加之其 Pareto 最优解随时间的变化会发生改变，故对其优化显得比较困难，通常很难设计出一种通用的有效求解方法．

20世纪60年代，进化算法（evolutionary algorithms，EA）作为一种启发式随机搜索算法，已被成功应用于复杂动态单目标优化问题的求解，且已经出现了许多有效的动态单目标优化进化算法．然而，对于DMOP，由于问题自身的复杂性，对其设计算法往往还存在一定的困难．通常，在设计动态多目标优化进化算法时期望解决的主要问题有：①如何使算法尽可能有效地跟踪DMOP随时间变化的Pareto最优解集在搜索空间内的运行轨迹．②如何使算法能有效地判断环境的变化且较为准确地判断何时发生变化．③算法如何在一次运行中求出DMOP随时间变化的真正Pareto最优解集或近似Pareto最优解集．④算法在变化的环境下求得DMOP的Pareto最优解（目标空间）数量较多、分布较广且均匀．⑤算法具有较快的收敛性和较少的计算量等．

鉴于此，作者在国家自然科学基金（60374063；60873099）、陕西省科技厅科研计划项目（2006A12；2009JM1013）及陕西省教育厅科学研究计划项目（07JK180；09JK329；11JK0506），特别是在宝鸡文理学院陕西省省级重点学科基础数学专项建设经费的资助下，历经多年努力，构建了不同动态多目标优化问题，提出了求解的新优化模型，同时设计了新的求解方法和实现策略．这些工作极大地丰富了动态多目标优化进化算法的理论，且为其他优化领域中出现的动态优化问题提供了新的解决思路和方法．本书可作为理工科院校计算机、自动化、信息、管理、控制与系统工程等专业从事进化计算及动态多目标优化研究的相关专业技术人员的参考书，希望起到抛砖引玉的作用．

本书在全面总结国内外在动态多目标优化及其进化计算发展现状、基础理论及实现技术的基础上，着重介绍了作者基于进化计算的动态多目标优化方面的研究成果，主要包括：基于进化计算的动态无约束、动态约束多目标优化模型、方法；定义在离散时间空间上、自变量维数随时间变化的动态多目标优化进化算法；基于粒子群算法的动态多目标求解方法；基于进化算法求解动态非线性约束优化问题；动态多目标进化算法性能评价指标度量方法；动态多目标优化问题测试集的构造及其常见的动态多目标测试函数．作者愿将这些研究成果与国内外同行一起分享，以进一步推动该领域的研究与发展．

本书在简要叙述动态多目标优化问题及进化算法的理论和实现技术基础上，对研究的动态多目标优化问题给出了数学形式，对所提出的算法思想、相关技术，以及实现算法的具体步骤、收敛性理论和模拟仿真给出了详细介绍．这些有助于读者正确理解本书所述内容，深入这一研究领域．

在本书的撰写过程中，作者得到了西安电子科技大学计算机学院博士生导师王宇平教授的悉心指导．王老师在百忙之中不但仔细审阅了全部书稿，且对书稿提出了许多非常中肯的建议和意见，并欣然为本书作序，令作者深受鼓舞．在此向王老师表示衷心的感谢！另外，本书在写作过程中参考了大量的最新文献．这里也向这些文献的作者们致以诚挚的谢意！

值此，作者非常感谢宝鸡文理学院院长王志刚教授、副院长赵荣侠教授，科技处处长吴毅教授、数学系主任赵天绪教授及诸位同事为本书的撰写给予的热情支持与帮助！

感谢家人的大力支持和理解！

动态多目标优化进化算法是一个较为复杂且处于快速发展中的进化计算学科分支，其理论、方法和应用还有许多问题需要进一步深入研究．由于作者学术水平及可获得的资料有限，书中不妥之处在所难免，敬请同行专家和读者不吝批评指正．

作　者

2011 年 8 月

目　录

第 1 章　绪　　论

本章作为绪论，首先简要介绍了进化算法的产生背景、主要特点、研究现状和主要应用．然后介绍了动态优化问题的数学描述及其相关概念、动态优化进化算法的研究现状、研究目标．最后给出了本书的组织结构以及各章所包含的主要内容．

1.1　引　　言

在生产调度、人工智能、组合优化、工程设计、大规模数据处理、城市运输、水库管理、网络通信、数据挖掘和资本预算等诸多优化领域，常常会遇到许多复杂的更为接近现实生活的动态和静态优化问题．动态优化问题（DOP）是指其目标函数不仅与决策变量有关，而且会随着时间（环境）动态变化，因此其最优解也会随着时间（环境）动态改变；静态优化问题（SOP）是指其目标函数仅与决策变量有关，其最优解不随时间（环境）的变化而改变．在过去的几十年里，人们大多致力于 SOP 的研究，直到近几年，DOP 才引起越来越多研究者的兴趣[1~3]．对于 DOP，一般可将其分为动态单目标优化问题（DSOP）和动态多目标优化问题（DMOP）两大类．目前对 DOP 的研究主要集中在 DSOP[4~12]，对 DMOP 的研究成果还不多，可见到的理论很少，只有少量研究成果[13~17]，而且这些成果大多是针对时间变量取值于离散空间的 DMOP 设计算法，或者把一些静态多目标优化进化算法直接用于 DMOP 的求解．然而，对于 DMOP 而言，因其具有多个依赖时间（环境）的相互冲突、不可公度的目标，加之其 Pareto 最优解随时间的变化会发生改变，因此对 DMOP 的优化显得比较困难，通常很难设计出一种通用的有效求解方法．20 世纪 60 年代以来，借鉴达尔文的“物竞天择”生物进化理论及孟德尔的遗传理论，通过对生物进化中的繁殖、变异、竞争和选择四个基本形式进行模拟，人们获得了解决复杂优化问题（例如：多目标优化问题、动态优化问题等）的一类新方法——进化算法（EA）[18~23]．EA 自产生以来，一直备受人们的关注，作为一种随机搜索算法，它较传统优化技术相比具有许多优势，其中算法演化的并行性、对全局优化问题的有效性和实用性以及对问题求解的稳健性是其他算法无法比拟的．本书在全面总结国内外动态多目标优化及其进化计算发展现状、基础理论及实现技术的基础上，着重介绍了作者基于进化计算在动态多目标优化方面的研究成果.

1.2 进化算法简介

1.2.1 EA 的产生背景

计算机的出现使人类的科学研究进程得到了飞速发展，也使得一些困难问题有了新的解决方法，众多领域都因研究工具的进步而重现生机，同时也产生了众多的新兴学科. 尽管人们可以让计算机完成一些过去无法想象的任务，但仍然有很多复杂问题得不到很好的解决，例如多目标优化、非线性优化、动态优化等，但是也应看到高速运行的计算机给这些问题的解决提供了物质基础，目前人们致力于研究一些具有自组织、自适应能力的大规模并行算法[22]. 自然界中丰富多彩的生物是自然选择和进化的直接结果，现代分子生物学的发展为这一学说提供了有力的证据，进化使得生物能够更好地适应变化的环境，进化的结果虽然表现的非常复杂，但进化的过程却很简单：繁殖 → 变异 → 竞争 → 选择. 正是在自然界的这种进化模式启示下，一种模拟自然界生物进化过程的学科——进化算法[24,25]诞生了.

EA 是一种模拟生物进化过程和进化机制求解问题的自组织、自适应人工智能技术[23,26]，该方法以体现群体搜索和群体中个体之间信息交换两大策略的交叉和变异算子为主，为每个个体提供优化的机会，从而使整个群体在优胜劣汰（survival of the fittest）的选择机制下保证了进化的趋势. EA 采用某种编码来表示复杂的结构，并将每个编码称之为一个个体（individual）. 算法维持一定数目的编码集合，称为种群（population），并通过对种群中的每个个体进行一些进化操作来模拟进化过程，最终获得一些具有较高性能指标的编码. 进化算法中常用的进化操作有交叉（crossover）、变异（mutation）和选择（selection）等，其中变异是模拟自然界中生物遗传物质的变异，交叉是模拟有性生殖过程中的染色体交换过程，选择则是模拟自然界的优胜劣汰过程. 目前研究的进化算法主要有四种典型分支：遗传算法（genetic algorithms，GA）、进化规划（evolutionary programming，EP）、进化策略（evolutionary strategy，ES）和遗传程序设计（genetic programming，GP）. 遗传算法是由美国的 J. H. Holland 于 1975 年提出[27]，后由 K. Dejong，J. Grefenstete，D. Goldberg 和 L. Davis 等进行了改进；进化规划是由美国的 L. J. Fogel，A. J. Owens 和 M. J.H.Walsh 于 1966 年提出[28]，后来被 D. B. Fogel 进行了完善；进化策略是由德国的 I. Rechenberg[29]和 H. P. Schwefel 建立的；遗传程序设计是 1990 年 Koza 将遗传算法应用于计算机程序的优化设计及自动生成，提出了遗传编程的概念[30]. 他成功地将遗传编程方法应用于人工智能、机器学习、符号处理等方面．虽然这几个分支在算法的实现上有一些细微的差别，但它们都是借助生物进化的思想和原理来求解实际问题的．

1.2.2　EA 的主要特点

与基于导数的解析方法和其他启发式搜索方法一样，EA 在形式上也是一种迭代方法．它使用种群搜索技术，通过对当前种群采用类似于自然选择和有性繁殖的方式，在继承原有优良基因的基础上，生成具有更好性能指标的下一代解的群体．但它又不是简单的随机搜索方法，而是通过对染色体的评价和对染色体中基因的作用，利用已有的信息来指导搜索，逐渐使得种群进化到包含或接近最优解的状态．在进化过程中，进化算子仅仅利用适应值度量作为运算指标进行染色体的随机操作，降低了一般启发式算法在搜索过程中对人机交互的依赖，极大地提高了算法的全局搜索能力．另外，因其固有的智能性，信息处理的隐并行性，应用的鲁棒性及操作的简明性等，使得 EA 成为一种具有良好普适性和可规模化的优化方法．然而，EA 也有一些缺点，比如容易产生早熟收敛以及收敛速度慢等．

EA 与传统的优化算法相比，其最主要的特点体现在以下五个方面[22,30]：

（1）EA 的搜索过程是从一群初始点开始，通过这些点内部结构的调节和重组来形成新的点，且每次进化都将提供多个近似解，因此，其非常适合多目标优化问题的求解．

（2）EA 只需要利用目标函数值的信息，而不像传统的优化方法需要采用目标函数的梯度等解析信息，因此它可以有效地用于解决较为复杂的非线性优化问题，且具有良好的通用性．

（3）EA 具有显著的隐并行性．进化算法虽然在每一代只对有限个个体进行操作，但处理的信息量为群体规模的高次方．

（4）传统的优化方法对多峰函数的求解已陷入局部最优，进化算法能同时在解空间的多个区域进行搜索，并且能以较大的概率跳出局部最优．

（5）EA 具有很强的鲁棒性，即在存在噪声的情况下，对同一问题的进化算法在多次求解中得到的结果是相似的，或者算法在速度和效益之间的权衡使得它能适应不同的环境并取得较好的结果．

1.2.3　EA 的研究现状

进化算法固有的本质并行性、自组织适应性以及优胜劣汰的自然选择和简单的进化操作性，使得进化算法具有不受搜索空间限制性条件的约束和不需要其他辅助信息（如相关函数可微、单峰、多峰）等特点，如今，进化算法已成为一个引人注目的研究方向.

根据德国 Dortmund 大学提供的一份研究报告，进化算法已经在16个大领域250个小领域中获得了应用[33]. 目前有数种以进化算法为主题的国际会议在世界各地定期召开. 同时已有一些专门刊登进化算法的国际专业杂志，如*Evolutionary Computation*（由MIT Press出版，1993创刊，DeJong主编）和*IEEE Transactions on Evolutionary Computation*（IEEE汇刊，1997年创刊，Garrison Greenwood 主编）. 一些国际性期刊也竞相出版以进化算法为主题的专刊[34~37]. 某些学者研究了进化算法的灵现行为（emergent behavior）后声称，进化算法将与混沌理论、分形几何一起成为人们研究非线性现象和复杂大系统的新的三大方法，并且将和神经网络一道成为人们认知过程的重要工具[38~40].

我国有关进化算法的研究，从20世纪90年代以来一直处于不断上升的时期，相继有许多论文和专著出版，如：刘勇、康立山、陈毓屏于1995年出版的《非数值并行计算（第二册）——遗传算法》；陈国良、王煦法于1996年出版的《遗传算法及其应用》；李敏强、寇纪淞、林丹于2002年出版的《遗传算法的基本理论与应用》；徐宗本、 张讲社、郑亚林于2003年出版的《计算智能中的仿生学：理论与算法》；王凌于2003年出版的《车间调度及其遗传算法》；玄光男、程润伟于2004年出版的《遗传算法与工程优化》；刘宝碇出版的*Theory and Practice of Uncertain Programming*. Heidelberg：Physica-Verlag，2002；*Uncertain Programming*. New York：Wiley，1999；*Decision Criteria and Optimal Inventory Processes*. Boston：Kluwer Academic Publishers，1999；*Uncertainty Theory*. Heidelberg：Physica-Verlag，2007；崔逊学于2006年出版的《多目标进化算法及其应用》；郑金华于2006年出版的《多目标进化算法及其应用》等. 因此，进化计算无论在理论上，还是在算法的实现、改进与应用上都已取得了很大的进展. 目前，进化算法的研究主要集中在基础理论、进化计算模型、编码方式和进化算子及进化算法的应用等方面. 其中基础理论的研究包括发展进化计算的数学基础、分析算法的收敛性、估计算法的收敛速度等，这些都是进化算法理论研究的热点. 另外，如何融合数学、生物、计算机技术等多个领域的原理与技巧，设计出更加有效的进化算法使其适应复杂的动态优化，尤其是动态多目标优化、动态非线性约束规划等问题，也成为进化计算领域研究的一个重要方向.

1.2.4 EA 的主要应用

EA虽然产生于20世纪60年代，但真正引起普遍关注和广泛应用则始于20世纪80年代，遗憾的是，除70年代初 Holland 本人对遗传算法提出的模式理论，Rechenberg 及他的学生们对进化策略所作的收敛性分析以外，在之后的几十年里进化算法的基础理论研究基本上没有大的进展．虽然近年来有关进化算法的渐近行为分析受到越来越广泛的注意，但已有的研究还具有相当的局限性．到目前为止，可以说还没有一套完整的理论体系可以准确、全面地阐明一般进化算法的收敛性，从而对进化算法在大量优化问题中所表现的全局优化能力作出合理的理论解释，同时也没有找到一个恰当的度量与论证方法精确刻画进化算法在不同实现方式下的收敛速度．正是由于数学理论基础的缺乏，进化算法的应用、推广及改进受到严重的影响．然而进化算法提供了一种求解复杂系统优化问题的通用框架，它不依赖于问题的具体领域，不要求目标函数有明确的解析表达式，对问题的种类有很强的鲁棒性，所以已广泛应用于动态优化、多目标优化、组合优化、机器学习、信号处理、自适应控制和人工生命等优化领域[41~48]．例如，文献[41,42]将遗传算法应用于教师排课问题，由计算机根据教师的意愿，利用遗传算法自动进行排课，最大限度地满足教师的愿望，对资源作出优化合理的安排． Engeneous 将EA成功地应用于汽轮机设计，并改善了波音777发动机的性能．文献[43]将进化算法与人工神经网络结合，建立了震灾风险预测的遗传神经网络模型．文献[44]讨论了遗传神经网络法及其在机器人误差补偿中的应用．文献[45]提出了一种基于模糊聚类和遗传算法的模糊分类系统的设计方法，利用遗传算法对约简后的模糊分类系统进行优化，提高其精确性．文献[46]为了提高足球机器人的射门成功率，给出了一种基于遗传模糊算法的足球机器人射门实现方法．文献[47]讨论了进化算法在车辆优化调度中的应用．文献[48]将基因遗传算法应用于产品人机形态设计，实现了产品人机形态设计的优化．因此，随着对进化算法研究的深入，其应用涉及从工程技术到社会管理等诸多领域，可以预计其应用前景一定会更加广阔．

1.3　动态优化问题及其进化算法

本节首先介绍动态多目标优化问题的数学描述及相关概念，继而作为DMOP的几点说明，给出其他几类动态优化问题的表达形式，最后对动态优化进化算法的研究现状及研究目标等进行讨论．

1.3.1　DMOP 及基本概念

在现实生活中，许多优化问题都是多个目标的，而且与时间因素有关．许多系统需要考虑动态调度问题，考虑时间间隔上各个运行状态之间的约束，即时间带来的约束，这些约束称为动态约束．面对一个复杂动态变化的系统，静态优化方法具有明显的局限性，因为在这些问题中，其研究目标是复杂变化的．将现实中这些具有多个目标、与时间因素相关的问题抽象成数学模型，就是动态多目标优化问题（dynamic multiobjective optimization problems，DMOP）．

不失一般性，若记 V_o，V_F 和 W 分别是 n_o 维，n_F 维和 m_W 维连续或离散的向量空间，则任何DMOP都可以表述为如下的参数化优化形式[16,17]

$$\begin{cases}\min\limits_{v_o \in V_o} f=(f_1(v_o,v_F),f_2(v_o,v_F),\cdots,f_m(v_o,v_F)),\\ \text{s.t. } g(v_o,v_F)\leqslant 0,\quad h(v_o,v_F)=0,\end{cases} \tag{1.3.1}$$

其中，$g(v_o,v_F)\leqslant 0$, $h(v_o,v_F)=0$ 分别为不等式和等式向量约束，$f:V_o\times V_F \to W$ 是目标向量函数，$f_i(v_o,v_F)$ 是 m 个子目标函数．

在式（1.3.1）中，变量 v_o 对于优化是有用的，而变量 v_F 是强加的参数，其与优化变量无关．目标向量函数 f 和约束向量函数 g，h 都受制于时间参数约束，而且可以是非线性的．

若令 V 是 n 维连续或离散的决策向量空间，W 是 m 维连续或离散的目标向量空间，强加的参数 v_F 是一个取值于连续或离散实值空间 T 的参数变量 t，则上述优化问题（1.3.1）可描述为[16,17]

$$\begin{cases}\min\limits_{v\in V} f=(f_1(v,t),f_2(v,t),\cdots,f_m(v,t)),\\ \text{s.t. } g(v,t)\leqslant 0,\ h(v,t)=0,\end{cases} \tag{1.3.2}$$

其中，$g(v,t)\leqslant 0$ 和 $h(v,t)=0$ 分别为不等式和等式向量约束，$f:V\times T\to W$ 是目标向量函数．

对于动态多目标优化问题（1.3.2），其决策空间中的 Pareto 最优解集 $P_S(t)$ 和目标空间中的 Pareto 前沿面 $P_F(t)$ 通常有以下4种可能随时间变化的方式[16,17]：

方式 I：Pareto 最优解集 $P_F(t)$ 随时间变化，而 Pareto 前沿面 $P_F(t)$ 不随时间变化．

方式 II：Pareto 最优解集 $P_F(t)$ 和 Pareto 前沿面 $P_F(t)$ 都随时间变化．

方式 III：Pareto 最优解集 $P_F(t)$ 不随时间变化，而 Pareto 前沿面 $P_F(t)$ 随时间变化．

方式 IV：尽管问题发生改变，但 Pareto 最优解集 $P_F(t)$ 和 Pareto 前沿面 $P_F(t)$ 都不随时间变化．

对上述4种情况可简述为表1.3.1的形式．可是，除了上述4种类型外，在现实中，还存在另外一种情形，即当问题发生改变时，上述变化的几种类型可能在时间尺度内同时发生．在讨论中，一般只考虑前3种类型．

表 1.3.1　DMOP 的四种不同类型

$P_F(t)$ \ $P_s(t)$	不变化	变化
不变化	方式 IV	方式 I
变化	方式 III	方式 II

下面给出动态多目标优化问题（1.3.2）的几点说明.

（1）对于优化问题（1.3.2），在算法设计中往往需考虑其随时间变化的强度或随时间变化的频率．一般而言，包括两个方面：1）DMOP随时间t是连续缓慢变化的，即在整个时间段上DMOP的变化非常平稳，其变化幅度保持在一个非常小的误差内；2）DMOP随时间t的变化出现突变，即在一个小时间段内很少变化或保持不变，但随之发生突然随机变化.

（2）当$m=1$时，优化问题（1.3.2）退化为动态单目标优化问题

$$\begin{cases}\min\limits_{v\in V} f(v,t),\\ \text{s.t.}\quad g_i(v,t)\leqslant 0,\quad i=1,2,\cdots,p,\\ \qquad\quad h_j(v,t)=0,\quad j=1,2,\cdots,q,\end{cases}\tag{1.3.3}$$

其中，t是一个取值于连续或离散实值空间T的参数变量，$g_i(v,t)\leqslant 0$和$h_j(v,t)=0$分别为不等式和等式约束，f：$V\times T\to$□是目标函数．若目标函数是非线性的，则优化问题（1.3.2）又变为动态非线性单目标优化问题.

（3）当时间$t=t_0$（常数）时，动态多目标优化问题（1.3.2）退化为静态多目标优化问题

$$\begin{cases}\min\limits_{v\in V} f=(f_1(v),\ \ f_2(v),\cdots,f_m(v)),\\ \text{s.t.}\quad g_i(v)\leqslant 0,\quad i=1,2,\cdots,p,\\ \qquad\quad h_j(v)=0,\quad j=1,2,\cdots,q,\end{cases}\tag{1.3.4}$$

其中，$g_i(v)\leqslant 0$和$h_j(v)=0$为不等式和等式约束，f：$V\to W$是目标向量函数.

（4）当不等式约束$g(v,t)\leqslant 0$和等式约束$h(v,t)=0$退化为超立方体区域$[L,U]\subset$□^{n}时，优化问题（1.3.2）变为简单约束动态多目标优化问题

$$\min_{v\in[L,U]} f=(f_1(v,t),f_2(v,t),\cdots,f_m(v,t)),\tag{1.3.5}$$

其中，$L=(l_1,l_2,\cdots,l_n)^{\mathrm{T}}$，$U=(u_1,u_2,\cdots,u_n)^{\mathrm{T}}$，$f$：□$^n\times T\to W$是目标向量函数.

（5）当不等式约束$g(v,t)\leqslant 0$和等式约束$h(v,t)=0$退化为□^{n}时，优化问题（1.3.2）退化为无约束动态多目标优化问题

$$\min_{v\in\square^n} f=(f_1(v,t),f_2(v,t),\cdots,f_m(v,t)), \tag{1.3.6}$$

其中，f：$\square^n\times T\to W$ 是目标向量函数.

（6）对于静态多目标优化问题（1.3.4），其最优解构成一确定的 Pareto 最优解集，而对于动态多目标优化问题（1.3.2），因目标函数及约束条件不仅依赖于决策变量，而且与时间参数 t 有关，故其最优解是随时间参数 t 发生变化的一组 Pareto 最优解集.

（7）对实际问题而言，必须根据对问题的了解程度及决策者的偏好，从动态多目标优化问题的 Pareto 最优解集中挑选出所在时刻（环境）下合适的一些 Pareto 最优解作为问题的最优解．因此，设计求解优化问题（1.3.2）的进化算法首先需考虑如下关键问题[16,17]：

1）如何使算法能有效跟踪问题的随时间（环境）发生变化的 Pareto 最优解集.

2）如何使算法快速准确求得不同时刻（环境）下问题的质量较好、数量较多且分布均匀的 Pareto 最优解.

1.3.2 动态优化进化算法研究现状

近几十年来，进化算法得到了众多学者的广泛关注，且已成为优化算法领域的一个研究热点，但大多关于 EA 的研究主要局限于解决静态优化问题．然而现实生活中存在一类动态优化问题，其目标函数不仅与决策变量有关，而且还会随着时间或环境动态变化，这样导致其最优解也随着时间或环境动态变化．对于这类优化问题，通常不仅要求 EA 发现其最优解，而且需要 EA 能尽可能紧密地跟踪最优解在搜索空间内的运行轨迹，即算法能够持续地适应动态环境下问题解的变化.

实际上，将进化算法应用于动态优化的研究可以追溯到1966年[28]，可是直到20世纪80年代中期才成为众多学者的研究热点[50,51]．近几年，许多国际会议（如GECCO2002，WCCI2002 和CEC2003等）都有进化算法在动态优化（动态环境）方面的论文发表，尤其是2004□2006年已经召开的三届欧洲随机和动态环境下的进化算法研讨会[52,54]，为动态进化优化方法开辟了相关的专题研究讨论．我国学者曹宏庆、康立山、陈毓屏教授[55]、刘宝碇教授[56,57]等在动态系统和不确定规划方面做出了重要的研究工作.

从上节可知，动态优化问题通常分为动态单目标优化问题和动态多目标优化问题．目前研究最多的是求解动态单目标优化问题的进化算法，这些方法大致可分成下面 3 种类型[3].

（1）保持种群的多样性．种群的多样性是进化算法有效探索整个可行解空间的必要条件，尤其对算法迅速适应 DOP 环境的改变起到了非常重要的作用． Grefenstette[59] 提出的随机移民方法、Morrison和Jcng[60] 提出的超变异法及Lewis等[61] 提出的变量局部搜索技术等都是用来提高种群多样性的．另外，Cobb[63] 比较了3种不同变异方案——固定变异率、过度变异和随机移民方法在动态环境中的作用，结果发现，采用过度变异的 EA 在缓慢变化的环境中表现最好，如果环境变化较大，那么随机移民的方法会更好一些．Eriksson和Olsson[64] 提出了一种采用“life-time adaptation”策略的进化算法，该方法在 EA 运算的整个过程中，对个体估值之前首先采用某种适应性调节的策略对个体进行调节，以此来保证种群的多样性．Mori等[65]提出了一种通过一个称做“自由能量”的变量 F 来直接控制种群的多样性的方法，并给出了 F 的计算方法．此外文献 [66～68] 还介绍了使用特殊的染色体表现型来保持种群的多样性等．

（2）基于记忆的方法．所谓记忆就是允许 EA 能够存储曾经获得的满意解，并在需要的时候重用这些解，利用记忆能够使得环境变化时 EA 迅速地作出反应．通常记忆可分为两种：利用冗余表示的隐式记忆和显式记忆．直接引入某种记忆机制，给出某种存储策略和重用策略．一般而言，记忆策略较适用于类似周期变化的环境，此外利用冗余表示还能够使种群收敛速度放慢，丰富基因池中染色体的种类．最具代表性的隐式记忆策略，例如：Hadad和Eick[69] 提出了多倍体的方法，Ryan[70]使用了附加多倍体方法，Ryan和Collins[71] 提出了一种基因分级结构的方法等．尽管上述各种隐式记忆的方法能够使 EA 间接地存储一些有效信息，但并不确定算法能够有效地使用这些信息．而显式记忆则能够直接存储某些特殊信息，并在后期的进化中将有用信息重新引入到种群中去．Louis和Xu[72] 对一个open shop动态调度问题采用了以下方法：每迭代一段时间，当前种群的最好解都会被保存下来，当环境发生变化后，算法重新初始化时将记忆中的部分个体（共有510个）传递给种群，其余个体随机产生．Trojanowski等[73] 通过引入额外记忆对每个个体进行扩展，使其能够获得双亲的信息．Ramsey和Grefenstette[74] 将 CBR 的思想引入 EA 中，使用一种知识库存储“成功”的个体，当种群重新初始化时将知识库中部分个体重新引入．Bendtsen和Krink[75] 提出了一种动态记忆模型，同时，又把这种记忆模型在温室控制和电话网最优路径选择问题中进行了较好的应用[76]．

（3）基于多种群的方法．多种群方法是指在搜索空间中的几个可行区域上布置一些子种群，并且让这些子种群搜索相应子区域上变化的最优解．从某种程度上说，多种群方法具有自适应记忆功能．Oppacher等[77] 提出的一种 Shifting Balance 遗传算法，把整个种群分成核心种群和许多小的殖民地种群，核心种群的任务是探索极值点，小殖民地种群负责在适值曲线上几个孤立的区域进行搜索，这种方法很好的保证了算法的探索性．另外，Ursem[78] 提出了一种多种族遗传算法保证整个种群的多样性方法，在该方法中，子种群的分组则是采用“峰谷探测过程”来确定．

与动态单目标进化算法的研究工作相比，动态多目标优化问题的研究成果还不多． Farina 等[16] 提出了一种邻域搜索算法（DBM），该算法意在产生少数但具有良好分布的非劣解集； Deb 等[14] 在 NSGAII 基础上改进初始群体，提出了动态多目标优化进化算法（DNSGA-II），该算法采用非劣排序以及拥挤距离进行个体评价，经由最优保留、二人联赛选择、SBX 交叉及 Polynomial 变异等操作进行群体进化； Iason 等 [13] 在求解动态单目标优化进化算法的基础上提出了一种向前估计方法（forward-looking approach）；Zhang Zhuhong [58] 提出了一种动态环境下的多目标免疫算法，并把其成功应用于温室控制；Zhou Aimin等[79] 提出了一种基于种群预测的重启（prediction-based population re-initialization）动态多目标优化进化算法．

另外，许多求解静态多目标优化问题的进化算法，如 NSGA-II[49]，SPEA-II[80]，MSOPS[82]，OMOEA-II[83] 及求解移动峰[84~86] 或带噪声[87,88] 的静态多目标优化策略经过扩展和改进后也被直接应用于求解 DMOP[89~91]．在国内，一些基于免疫原理（immune mechanism）的动态多目标优化算法[92~95] 也相继出现．

在上述动态多目标优化进化算法相继出现的同时，许多学者也提出了一些测试算法有效性的动态多目标优化测试函数和性能度量指标，其中较为典型的如：Marco 等[17,96] 设计了一组动态多目标优化测试函数及一种度量算法的收敛性指标．Jin 等[15] 利用多目标优化概念提出了一种构造动态多目标优化测试函数的新方法；在文献[85]中，Teich 等给出了度量 DMOP 解的多样性和分布的度量指标．另外，一些度量静态多目标优化进化算法的性能指标函数[96~99] 经适当改进也被用以度量DMOP算法的性能．

1.4 动态优化问题的进化算法研究目标

从上节可知，进化算法的出现为求解动态优化问题（DOP）带来了新的生机和希望，目前已经出现了许多有效的动态优化进化算法．然而，这些算法大多还是集中在如何得到尽可能满足问题条件的最优解或近似最优解，对算法的有效性、收敛性及解的质量等考虑的较少．由于 DOP 自身的特点决定了求解 DOP 随时间变化的最优解是一项复杂困难的工作，通常在设计动态优化进化算法时期望的目标如下[16,100]：

(1)算法尽可能有效地跟踪 DOP 随时间变化的最优解在搜索空间内的运行轨迹.

(2) 算法能有效地判断环境的变化且较为准确的判定出何时发生变化.

(3) 算法在一次运行中能求出 DOP 随时间变化的最优解或近似最优解.

(4) 对动态多目标优化问题而言，还必须考虑在变化的环境下算法能求得其数量较多、分布较广且均匀的 Pareto 最优解（目标空间）.

(5) 算法具有较快的收敛性和较少的计算量.

对于求解动态优化问题，上述几个目标是一个有机的整体，往往需同时考虑，共同优化.

1.5　本书的体系结构

全书共分 9 章，其内容基本构成一个完整的体系，具体而言，各章主要包括：

第 1 章为绪论部分，简要介绍了进化算法的产生背景、主要特点、基本框架、基本理论、研究现状和主要应用以及动态多目标优化问题的基本概念、动态优化进化算法研究现状和研究目标，同时给出了本书的主要内容安排.

第 2 章主要对进化算法中重要的模式理论、经典的遗传算法、改进的遗传算法和一般遗传算法的有关理论作了简单介绍，以供读者对进化计算中一些比较成熟的理论有个全面的了解.

第 3 章建立了解动态无约束多目标优化问题（DUMOP）的一种静态优化模型，同时给出了解新模型的进化算法. 该模型将 DUMOP 的时间变量进行了等区间离散化，在得到的每个子区间上把 DUMOP 近似为静态多目标优化问题（SMOP），为了提高算法的有效性，进一步将每个 SMOP 转化成了双目标优化问题，这样，原来的 DUMOP 就被近似地转化成了一系列两个目标优化问题. 理论分析和计算机仿真表明新算法是有效的.

第 4 章构建了包含任意个子目标函数的动态约束多目标优化问题的一种动态双目标优化模型，同时给出了求解模型的进化算法. 数值实验仿真表明新算法能有效跟踪问题的 Pareto 最优解，并能求得不同环境下质量较好的 Pareto 最优解集.

第 5 章提出了一种基于核分布估计的动态多目标优化进化算法. 当探测到问题环境发生改变时，算法利用以前搜索到的有用解信息对下一环境进化种群中的个体进行近似估计，得到新的进化种群. 仿真实验结果表明新算法能以较小的计算量有效快速地跟踪并求出质量较好的Pareto最优解.

第 6 章研究了一类时间定义在离散空间，自变量维数随时间发生变化的动态多目标优化问题的粒子群优化（particle swarm optimization，PSO）算法.

第 7 章研究了一类动态非线性约束优化问题的新解法. 该方法首先将动态非

线性约束优化问题的约束条件引入到问题的目标中来，从而将原问题转化成无约束的动态多目标优化问题，针对转化后的优化问题提出一种新的进化算法，同时给出了算法的收敛性证明．最后数值仿真结果表明新算法能够有效地跟踪并求出动态非线性约束优化问题的最优解或近似最优解．

第 8 章给出了动态多目标进化算法性能评价的指标度量方法．

第 9 章介绍了动态多目标优化问题测试集的构造及其常见的动态多目标测试函数集．

1.6　本 章 小 结

本章作为绪论，主要是使读者对进化算法的产生背景、主要特点、基本框架、基本理论、研究现状和主要应用以及动态多目标优化问题的基本概念、动态优化进化算法研究现状和研究目标等有个概要性的认识，为后续章节关于动态多目标优化进化算法的方法、理论的学习奠定基础．另外，本章给出的关于本书各章主要内容的介绍可以使读者对本书有一个整体性的认识，更加详细的阐述请参阅后续章节．

参 考 文 献

[1] Branke J. Evolutionary algorithms for dynamic optimization problems-A survey. AIFB, University Karlsruhe, 1999.

[2] Jin Y C, Branke J. Evolutionary optimization in uncertain environments-A survey. IEEE Transactions on Evolutionary Computation, 2005, 9(3): 134-137.

[3] 王洪峰, 汪定伟, 杨圣祥． 动态环境中的进化算法． 控制与决策, 2007, 22(2): 127-132.

[4] Branke J, Kauber T, Schmidth C,et al. A multi-population approach to dynamic optimization problems. Proc. of the Adaptive Computing in Design and Manufacturing, Berlin, 2000, 299-308.

[5] 窦全胜, 周春光, 徐中宇等． 动态优化环境下的群核进化粒子群优化方法． 计算机研究与发展, 2006, 43(1): 89-95.

[6] Parsopoulos K E, Vrahatis M N. Particle swarm optimization in noisy and continuously changing environments. Artificial Intelligence and Soft Computing, Anaheim, CA, Iastedpacta Press, 2001: 289-294.

[7] Hu X H, Eberhart R C. Adaptive particle swarm optimization: Detection and response to dynamic systems. IEEE Congress on Evolutionary Computation, Honolulu, Hawaii, USA, 2002.

[8] Wineberg M, Oppacher F. Enhancing the GA's ability to cope with dynamic environments. Proc. of Genetic and Evolutionary Computation Conf., San Francisco, Morgan Kaufmann Publisher, 2000: 3-10.

[9] Ronnewinkel C, Wilke C O, Martinetz T. Genetic algorithms in time-dependent environments. Theoretical Aspects of Evolutionary Computing. Kallel L, Naudts B, and Rogers A, Eds. Berlin, Germany: Springer-Verlag, 2000: 263-288.

[10] Branke J. Memory enhanced evolutionary algorithm for changing optimization problems. Proceedings of the 1999 Congress on Evolutionary Computation, IEEE Press, 1999: 1875-1881.

[11] Branke J, Schmeck H. Designing evolutionary algorithms for dynamic optimization problems. Proc. of the Theory and Application of Evolutionary Computation. Germany, Berlin: Springer-Verlag, 2002: 239-262.

[12] Grefenstette J. Genetic algorithms for changing environments. Proc. of the 2nd International Conference on Parallel Problem Solving from Nature, Brussels, Belgium, 1992: 137-144.

[13] Iason H, David W. Dynamic multiobjective optimization with evolutionary algorithms: A forward-looking approach. Proc. of the GECCO'06. Washington, USA, 2006: 1201-1208.

[14] Deb K, Bhaskara U R N, Karthik S. Dynamic multiobjective optimization and decision-making using modified NSGA-II: A case on hydro-thermal power scheduling. Proc. of the 4th International Conference on Evolutionary Multi-Criterion Optimization. LNCS 4403, Springer-Verlag, Matsushima, Japan, 2007: 803-817.

[15] Jin Y C, Sendhoff B. Constructing dynamic optimization test problems using the multiobjective optimization concept. Proc. of the Evolutionary Workshops 2004, LNCS 3005. Heidelberg, Germany: Springer-Verlag, 2004: 525-536.

[16] Farina M, Deb K, Amato P. Dynamic multiobjective optimization problems: Test cases, approximation, and applications. Proc. of the Evolutionary Multiobjective Optimization International Conference, Faro, Portugal, 2003: 311-326.

[17] Farina M, Deb K, Amato P. Dynamic multi-objective optimization problems: Test cases, approximation, and applications. IEEE Transactions on Evolutionary Computation, 2004, 8(5): 311-326.

[18] 云庆夏. 进化算法. 北京: 冶金工业出版社, 2000.

[19] 张文修, 梁怡. 遗传算法数学基础. 西安: 西安交通大学出版社, 2000.

[20] 崔逊学. 多目标进化算法及其应用. 北京: 国防工业出版社, 2006.

[21] 郑金华. 多目标进化算法及其应用. 北京: 科学出版社, 2007.

[22] 刘勇, 康立山, 陈毓屏. 非数值并行算法(第二册)——遗传算法. 北京: 科学出版社, 1995.

[23] 徐宗本．计算智能(第一册)——模拟进化计算．北京：高等教育出版社, 2004.

[24] Fonseca C M, Fleming P J. An overview of evolutionary algorithms in multi-objective optimization evolutionary computation. IEEE Transactions on Evolutionary Computation, 1995, 3(1): 1-16.

[25] Horn J. Multi-criterion decision making. // T. H. Bäck. Handbook of Evolutionary Computation. Oxford: Oxford University Press, 1997.

[26] Zitzler E. Evolutionary algorithms for multi-objective optimization: Methods and applications. Ph. D. Dissertation, Computer Engineering and Networks Laboratory, Swiss Federal Institute of Technology Zurich, Swiss, 1999.

[27] Holland J H. Adaption in natural and artificial systems. The University of Michigan Press, Ann Arbor, 1975.

[28] Fogel L J, Owens A J, Walsh M J. Artificial intelligence through simulation evolution. New York: John Wiley, 1966.

[29] Rechenberg I. Evolution strategies: Optimizer technique systematic principle under biologist evolution. Frommann-Holzboog, Stuttgart, 1973.

[30] Koza J. Genetic programming: A paradigm for genetically breeding populations of computer programs to solve problems. PhD. Thesis, Stanford University, 1990.

[31] 李敏强, 寇纪凇, 林丹等．遗传算法的基本原理与应用．北京：科学出版社, 2003.

[32] 明亮．遗传算法的模式理论与收敛理论．西安电子科技大学博士学位论文, 2006.

[33] Bäck T H, Schwefel H P. Application of genetic algorithms. http://lumpi.Informatik.uni-dortmund.de/pub/EA/paper/ea-app.ps.gz.

[34] Annals of Math and AI. Special Issue on Genetic Algorithms and AI，1994，10.

[35] IEEE Transactions on Neural Networks. Special Issue on Genetic Computation，1995, 5(1).

[36] Statistics and Computing. Special on Genetic Computation，1994，4(2).

[37] IEEE Transactions on Systems, Man, and Cybernetics, Part B, Special Issue on Memetic Algorithms, 2005.

[38] Forrest S. Emergent Computation. North-Holland, Amerserdama, 1990.

[39] Forrest S. Emergent computation: Self-organizing, collective, and cooperative phenomena in natural and artificial computing networks. 1990, 42：1-11.

[40] Forrest S. Emergent behavior in classifier systems. PhD. Dissertation, 1990.

[41] 顾运筠．遗传算法应用于排课问题中的教师安排最优化．计算机应用与软件, 2006, 23(6): 65-67.

[42] Wang YZ. An application of genetic algorithm methods for teacher assignment problems.

Expert Systems with Applications, 2003, 25: 39-50.

[43] 刘明广，郭章林．基于 GA-ANN 的震灾风险预测模型研究．中国工程科学， 2006, 8(3): 83-86.

[44] Wang D S, Xu X H. Genetic neural network and application in welding robot error compensation. Proceedings of 2005 International Conference on Machine Learning and Cybernetics, 2005: 18-21.

[45] 邢宗义，张永，侯远龙等．基于模糊聚类和遗传算法的具备解释性和精确性的模糊分类系统设计． 电子学报, 2006, 34(1): 83-88.

[46] 罗中先，王强，王进戈．一种基于遗传模糊算法的足球机器人射门方法．哈尔滨工业大学学报, 2006, 37(7): 966-968.

[47] Barrie M B, Ayechew M A. A genetic algorithm for the vehicle routing problem. Computers and Operations Research，2003, 30：787-800.

[48] 马剑鸿，杨随先，李彦基．基于遗传算法的产品人机形态设计研究．现代制造工程, 2006, 32(3): 10-13.

[49] Deb K. A fast and elitist multiobjective genetic algorithm: NSGA-II. IEEE Transactions on Evolutionary Computation, 2002, 6(2): 182-197.

[50] Goldberg D E, Smith R E. Non-stationary function optimization using genetic algorithms with dominance and diploidy. Proc. of the 2nd Int Conf. on Genetic Algorithms, Grefenstette J J (Eds.), 1987: 59-68.

[51] Krishnakumar K. Micro-genetic algorithms for stationary and non-stationary function optimization. SPIE, Intelligent Control and Adaptive Systems, 1989, 289-296.

[52] Blackwell T, Branke J. Multi-swarm optimization in dynamic environments. Proc. of Evostoc2004, Coimbra, Portagal, 2004.

[53] Janson S, Middendorf M. A hierarchical particle swarm optimization for dynamic optimization problems. Proc. Evo. Workshops, EVOSTOC2004, Coimbra, Portugal, 2004.

[54] Yong S X. Associated memory scheme for genetic algorithms in dynamic environments. Proc. 3rd European Workshop on Evolutionary Algorithms in Stochastic and Dynamic Environments, Budapest, Hungary, 2006.

[55] 曹宏庆，康立山，陈毓屏．动态系统的演化建模．计算机研究与发展, 1999, 36(8): 923-931.

[56] Liu B. Dependent-chance goal programming and its genetic algorithm based approach. Mathematical and Computer Modeling, 1996, 24(7): 43-52.

[57] Liu B. Uncertain programming: A unifying optimization theory in various uncertain environments. Applied Mathematics and Computation. 2001, 120(1-3): 227-234.

[58] Zhang Z H. Multiobjective optimization immune algorithm in dynamic environments and its application to greenhouse control. Applied Soft Computing 8, 2008: 959-971.

[59] Grefenstette J J. Genetic algorithms for changing environments. Parallel Problem Solving from Nature，Brussels, 1992: 137-144.

[60] Morrison R W, Jong K A. Triggered hyper-mutation revisited. Proc. of Congress on Evolutionary Computation, Piscataway: IEEE Press, 2000: 1025-1032.

[61] Lewis J, Hart E, Ritchie G.. A comparison of dominance mechanism and simple mutation on non-stationary problems. Parallel Problem Solving from Nature, LNCS 1498, 1998: 139-148.

[62] 王宇平，焦永昌，张福顺．解无约束非线性全局优化的一种新进化算法及其收敛性．电子学报, 2002, 30(12): 1867-1869.

[63] Cobb H G , Grefenstette J J. Genetic algorithms for tracking changing environments. Proc. of 5th Int. on Genetic Algorithms, San Francisco, Morgan Kaufmann Publishers, 1993: 523-530.

[64] Eriksson R, Olsson B. On the performance of evolutionary algorithms with lifetime adaptation in dynamic fitness landscapes. Proc. of 2004 Congress on Evolutionary Computing, Piscataway, IEEE Press, 2004: 1293-1300.

[65] Mori N, Kita H, Nishikawa Y. Adaptation to a changing environment by means of the thermo dynamical genetic algorithm. Parallel Problem Solving from Nature, Berlin, Springer Publishers, 1996: 513-522.

[66] Collard P, Escazut C, Gaspar A. An evolutionary approach for time dependant optimization. Int. Journal on Artificial Intelligence, 1997, 6(4): 665-695.

[67] Yang S. The primal-dual genetic algorithm. Proc. of the 3rd Int. Conf. on Hybrid Intelligent System, IOS Press, 2003.

[68] Yang S. Non-stationary problem optimization using the primal-dual genetic algorithm. Proc. of the 2003 Congress on Evolutionary Computation, Piscataway, IEEE Press, 2003: 2246-2253.

[69] Hadad B S, Eick C. F. Supporting polyploidy in genetic algorithms using dominance vectors. Proc. of the 6th Int. Conf. on Evolutionary Programming, San Francisco, Morgan Kaufmann Publishers, 1997: 223-234.

[70] Ryan C. Diploid without dominance. Proc. of 3rd Nordic Workshop on Genetic Algorithms, 1997: 63-70.

[71] Ryan C, Collins J J. Polygenic inheritance-A haploid scheme that can outperform diploidy. Proc. of the 5th Int. Conf. on Parallel Problem Solving from Nature, Berlin, Springer Publisher, 1997: 178-187.

[72] Louis S J, Xu Z. Genetic algorithms for open shop scheduling and rescheduling. ISCA 11th Int.

Conf. on Computers and Their Applications, Piscataway, IEEE Press, 1996: 99-102.

[73] Trojanowski K, Michalewicz Z, Xiao J. Adding memory to the evolutionary planner/navigator. Proc. of the 1997 Congress on Evolutionary Computation, IEEE Press, 1997: 483-487.

[74] Ramsey C L, Grefenstette J J. Case-based initialization of genetic algorithms. Proc. of 5th Int. Conf. on Genetic Algorithms, San Francisco, Morgan Kaufmann Publishers, 1993: 89-91.

[75] Bendtsen C N, Krink T. Dynamic memory model for non-stationary optimization. Proc. of the 2002 Congress on Evolutionary Computation, Volume 1, Issue 12-17, Piscataway, IEEE Press, 2002: 145-150.

[76] Bendtsen C N, Krink T. Phone routing using the dynamic memory model. Proc. of the 2002 Congress on Evolutionary Computation, Volume 1, Issue 12-17, Piscataway, IEEE Press, 2002: 992-997.

[77] Oppacher F, Wineberg M. The shifting balance genetic algorithm: Improving the GA in a dynamic environment. Proc. of Genetic and Evolutionary Computation, San Francisco, Morgan Kaufmann Publisher, 1999: 504-510.

[78] Ursem R K. Multinational GA optimization technique in dynamic environments. Proc. of Genetic and Evolutionary Computation, San Francisco, Morgan Kaufmann Publisher, 2000: 19-26.

[79] Zhao AM, Jin YC, Zhang QF, et al. Prediction-based population re-initialization for evolutionary dynamic multiobjective optimization. Proc. of the EMO 2007, LNCS 4403, S. Obayashi et al (Eds.), 2007: 832-846.

[80] Zitzler E, Laumanns M, Thiele L. SPEA2: Improving the strength Pareto evolutionary algorithm for multiobjective optimization. Proc. of the Evolutionary Methods for Design, Optimization and Control, Barcelona, Spain, 2002: 95-100.

[81] Fogel L J, Owens A J, Walsh M. J. Artificial intelligence through simulated evolution. New York: John Wiley, 1966.

[82] Evan J, Hughes. Multiple single objective Pareto sampling. In Proceedings of the Congress on Evolutionary Computation (CEC’2003), Canberra, IEEE Press, 2003: 2678-2684.

[83] Zeng S Y, Yao S Z, Kang L S, et al. An efficient multi-objective evolutionary algorithm: OMOEA-II. In Third International Conference on Evolutionary Multi-Criterion Optimization (EMO’2005), LNCS 3410, Guanajuato, Mexico, Verlag Springer, 2005: 108-119.

[84] Hatzakis I, David W. Topology of anticipatory populations for evolutionary dynamic multi-objective optimization. In 11th AIAA/ISSMO Multidisciplinary Analysis and Optimization Conference, Portsmouth, Virginia, USA, 2006.

[85] Teich J. Pareto-front exploration with uncertain objectives. In First International Conference on Evolutionary Multi-Criterion Optimization (EMO'2001), Volume 1993 of Lecture Notes in Computer Science, Zurich, Switzerland, Springer, 2001: 314-328.

[86] Oh S K, Lee C Y, Lee J J. A new distributed evolutionary algorithm for optimization in nonstationary environments. Proc. of the 2002 Congress on Evolutionary Computation, Piscataway, IEEE Press, 2002: 1875-1882.

[87] Evan J, Hughes. Evolutionary multi-objective ranking with uncertainty and noise. In the First International Conference on Evolutionary Multi-Criterion Optimization (EMO'2001), Volume 1993 of Lecture Notes in Computer Science, Zurich, Switzerland, Springer, 2001: 329-343.

[88] Goh C K, Tan K C. An investigation on noisy environments in evolutionary multiobjective optimization. IEEE Transaction on Evolutionary Algorithm, 2007, 11(3): 354-380.

[89] Yang S M, Shao D G, Luo Y J. Dynamic archive evolution strategy for multiobjective optimization. In the Conf. of EMO'2005, LNCS 3410, C. A. Collo Coello，et al (Eds.), Spring-verlag, Brlin, Heidelberg, 2005: 135-149.

[90] Mehnen J, Tobias W, Günter R. Evolutionary optimization of dynamic multiobjective functions. Technical Report CI-204/06, University of Dortmund, 2006.

[91] Zeng S Y, Chen G, Zhang L F, et al. A dynamic multi-objective evolutionary algorithm based on an orthogonal design. Proceedings of the Congress on Evolutionary Computation (CEC'2006), Vancouver, BC, Canada, IEEE Press, 2006: 2588-2595.

[92] 钱淑渠, 张著洪．动态多目标免疫优化算法及性能测试研究．智能系统学报, 2007, 2(5): 69-79.

[93] 徐雪松, 彭春华, 何珍梅．基于免疫反应原理的动态优化算法．江西师范大学学报(自然科学版), 2007, 32(2): 233-236.

[94] 陈善龙, 张著洪. 基于免疫机制的动态多目标优化免疫算法．贵州大学学报(自然科学版), 2007, 24(5): 487-492.

[95] 尚荣华, 焦李成, 公茂果等．免疫克隆算法求解动态多目标优化问题．软件学报, 2007, 18(11): 2700-2711.

[96] Farina M, Amato P. Linked interpolation-optimization strategies for multicriteria optimization problems. Soft Computing, 2005, 9(1): 54-65.

[97] Zhou A M, Zhang Q F, Jin Y C，et al. Modeling the population distribution in multi-objective optimization by generative topographic mapping. Parallel Problem Solving from Nature-PPSN IX，2006: 443-452.

[98] Yang S X, Yao X. Experimental study on population-based incremental learning algorithms for

dynamic optimization problems. Soft Computing, 2005, 9(11): 815-834.

[99] Branke J. Evolutionary optimization in dynamic environments. Volume 3 of Genetic Algorithms and Evolutionary Computation, Kluwer Academic Publishers, 2002.

[100] 刘淳安，王宇平．解动态多目标优化问题的进化算法及其收敛性分析．电子学报，2007, 35(6): 1118-1121.

第 2 章　进化算法的理论及其实现技术

进化算法（EA）是一种具有“生成+检验”特征的搜索算法．它以编码空间代替问题的参数空间，以适应度函数为评价依据，以编码群体为进化基础，以对群体中个体位串的进化操作实现进化机制，建立起一个迭代过程．从代表问题可能潜在解集的一个种群开始（该种群由一些经过基因（gene）编码（encoding）的一定个数的个体组成），根据问题的特点，制定特定适应度函数（fitness function），对每一代种群，根据问题域中个体适应度（fitness）的大小来选择（selection）个体，利用杂交算子（crossover）和变异算子（mutation）等进化算子（evolutionary operator）进行作用，从而产生出代表新解集的下一代种群．进化算法在整个进化过程中的进化操作是随机性的，但它呈现出的特征并不是完全随机搜索，它能有效地利用历史信息来推测下一代期望性能有所提高的寻优点集．这样经过一代代的不断进化，最后收敛到最适应环境的个体上，求得问题的满意解．本章在绪论基础上，简要介绍了进化算法的基本理论及其实现技术．

2.1　EA 的基本框架

EA 通常包含四大分支：遗传算法、进化规划、进化策略和遗传规划，其基本框架为[1,2]：

步骤1　按照某种方式（比如随机方式）产生初始种群 $\mathrm{pop}(0)=\{x_1^0,x_2^0,\cdots,x_N^0\}$，令 $t=0$，对 $\mathrm{pop}(t)$ 中每一个个体（individual）$x_i^t(i\in 1,2,\cdots,N)$ 进行编码（encoding），得到相应的点叫做染色体（chromosome）或字符串（string）．

步骤2　计算 $\mathrm{pop}(t)$ 中每个个体 $x_i^t(i=1,2,\cdots,N)$ 的适应度．

步骤3　按照某种规则从 $\mathrm{pop}(t)$ 中选择一个子种群 $\mathrm{pop}'(t)\subseteq \mathrm{pop}(t)$ 作为产生子代的父母，用杂交（crossover）算子作用于 $\mathrm{pop}'(t)$ 产生一些子代（offspring），再用变异（mutation）算子作用于每个子代产生新的子代集合 $A(t)$，计算 $A(t)$ 中每个个体的适应度．

步骤4　用选择（selection）算子从 $\mathrm{pop}(t)\cup A(t)$ 或 $A(t)$ 中选出下一代种群 $\mathrm{pop}(t+1)$，令 $t=t+1$．

步骤 5　若终止条件成立，停止；否则，转步骤 2．

2.2 遗传算法的模式理论

模式定理[3]是遗传算法的基本原理，因此，也成为了进化算法的核心理论．它从进化动力学的角度提供了能够较好解释进化算法机理的一种数学工具，同时也是编码策略、进化策略等分析的基础．下面首先介绍二进制编码遗传算法的一些基本概念[3].

定义 2.2.1（通配符，non-defining allele） 在一个由 $\{0,1,*\}$ 中字符构成的字符串中，字符 $*$ 叫做通配符，它不是确定字符，可表示 0 或 1，而字符 0 和 1 称为确定字符.

定义 2.2.2（模式，schema） 一个由 $\{0,1,*\}$ 中字符构成的字符串称为一个模式，它表示将其中每个 $*$ 都用0或1替换后所得的所有可能的字符串集合，记作 H．例如，$H=01**1=\{01001,01011,01101,01111\}$，如果字符串中没有不确定字符 $*$，它也是一个模式．例如，$H=01011$ 也是模式（其本身）.

模式也可用示意图表示，具体方式为，在一条线段上标记出确定位及字符、串长、定义距，如对一个二阶模式 H_2，在确定位 d_1,d_2 的确定字符分别为 a_1,a_2，且该模式的串长为 L，定义距为 r，这里只用确定字符来表示该模式，如图 2.2.1 所示.

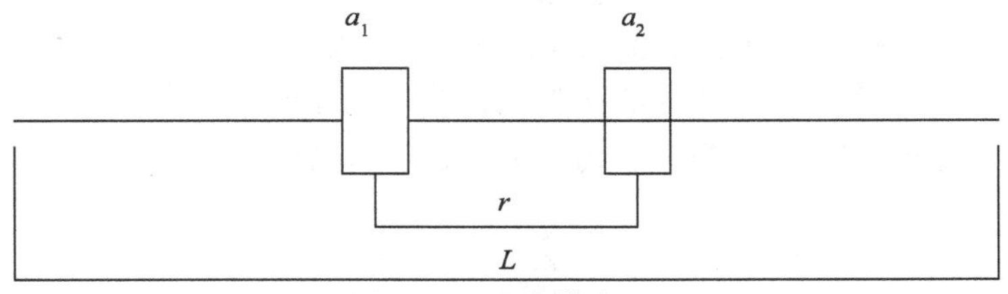

图 2.2.1 二阶模式 H_2

定义 2.2.3（模式的阶，schema order） 模式 H 中确定字符的个数称为模式的阶，记作 $o(H)$．例如，$H=01**1$，$o(H)=3$.

定义 2.2.4（定义距，defining length） 模式 H 中第一个确定字符（从左算起，也可从右算起）和最后一个确定字符的距离，称为模式 H 的定义距，记作 $\delta(H)$．例如，$H_3=01**1, \delta(H_3)=5-1=4, H_4=*01**0*1, \delta(H_4)=8-2=6$.

定义 2.2.5 设 $\mathrm{pop}(t)=\{x_1,x_2,\cdots,x_N\}$ 表示第 t 代种群，$\mathrm{Eval}(x_i)$ 为 x_i 的适应度，则称

$$f(H,t)=\frac{1}{|H\cap\text{pop}(t)|}\sum_{x\in(H\cap\text{pop}(t))}\text{Eval}(x)$$

为模式 H 的平均适应度.

2.2.1 模式理论

定理 2.2.1[3] 设经典遗传算法的杂交和变异概率分别为 p_c 和 p_m，模式 H 的定义距为 $\delta(H)$，阶为 $o(H)$，第 $t+1$ 代种群 $\text{pop}(t+1)$ 中含有 H 中元素个数的期望值记为 $E(|H\cap\text{pop}(t+1)|)$，则

$$E\left(|H\cap\text{pop}(t+1)|\right)=|H\cap\text{pop}(t)|\cdot\frac{f(H,t)}{\overline{F}(t)}\cdot\left[1-p_c\cdot\frac{\delta(H)}{l-1}\right]\cdot(1-p_m)^{o(H)}$$

$$\approx|H\cap\text{pop}(t)|\cdot\frac{f(H,t)}{\overline{F}(t)}\cdot\left[1-p_c\cdot\frac{\delta(H)}{l-1}-p_m\cdot o(H)\right],\quad(2.2.1)$$

其中，l 为 $\text{pop}(t)$ 中个体的串长，$\overline{F}(t)=\sum_{x\in\text{pop}(t)}\text{Eval}(x)\Big/|\text{pop}(t)|$，$|H\cap\text{pop}(t)|$ 为 $\text{pop}(t)$ 中含于 H 的元素个数.

证明 分三部分讨论三个进化算子对模式 H 的生存数量的影响：

（1）选择算子对模式 H 生存数量的影响

根据赌轮选择规则，个体被选择的次数与适应度成正比，且每转动一次赌轮，$H\cap\text{pop}(t)$ 中每一个个体被选择的次数占种群中个体被选择次数的平均比例（即平均百分比或被选择的平均概率）为 $f(H,t)/F(t)$，其中

$$F(t)=\sum_{x\in\text{pop}(t)}\text{Eval}(x).\quad(2.2.2)$$

注意到 $H\cap\text{pop}(t)$ 中含有 $|H\cap\text{pop}(t)|$ 个个体，且每个个体要经受 N 次选择（转动赌轮 N 次），故 $H\cap\text{pop}(t)$ 中元素被选择的次数的期望值（平均值）为

$$|H\cap\text{pop}(t)|\cdot N\cdot\frac{f(H,t)}{F(t)}=|H\cap\text{pop}(t)|\cdot\frac{f(H,t)}{\overline{F}(t)},\quad(2.2.3)$$

其中，$\overline{F}(t)$ 为 $\text{pop}(t)$ 中个体的平均适应度.

上式（2.2.3）说明下一代群体中模式 H 的生存数量与模式的适应值成正比，与群体平均适应值成反比. 当 $f(H,t)>\overline{F}(t)$ 时，H 的生存数量增加；当 $f(H,t)<\overline{F}(t)$ 时，H 的生存数量减少. 群体中任一模式的生存数量都将在选择操

作中按式（2.2.3）规律变化.

设 $f(H,t)-\overline{F}=c\times\overline{F}$，其中 c 为常数，则式（2.2.3）可改写为

$$\begin{aligned}|H\cap \text{pop}(t)|\cdot\frac{f(H,t)}{\overline{F}(t)}&=|H\cap \text{pop}(t)|\times(\overline{F}+c\times\overline{F})/\overline{F}\\&=|H\cap \text{pop}(t)|\times(1+c).\end{aligned}\tag{2.2.4}$$

群体从 $t=0$ 开始操作，假设 c 保持固定不变，则式（2.2.4）可以表示为

$$|H\cap \text{pop}(t)|=|H\cap \text{pop}(0)|\times(1+c)^t.\tag{2.2.5}$$

可以看出，在选择算子的作用下，模式的生存数量是以指数函数方式进行变化的. 当 $c>0$ 时，模式的生存数量以指数规律增加；当 $c<0$ 时，生存数量以指数规律减少. 这种变化仅是已有模式生存数量的变化而已，并没有产生新的模式.

（2）杂交算子对模式 H 生存数量的影响

由于单点杂交是随机选择1到 $l-1$ 位置中某一位作为交叉点，然后交换交叉点后两父母的对应子串，于是只有当交叉点落在 H 的定义距之内时，H 才有可能被破坏. 但是应注意到，即使交叉点落在定义距之内，该模式仍有不被破坏的可能.

故 H 被破坏的概率不超过 $\frac{\delta(H)}{l-1}$. 又因为杂交是以概率 p_c 发生的，所以 H 被破坏的概率不超过 $p_c\cdot\frac{\delta(H)}{l-1}$. 所以经过杂交后，$H$ 不被破坏（即生存下来）的概率至少为 $1-p_c\cdot\frac{\delta(H)}{l-1}$，于是经选择和杂交后，属于模式 H 的元素个数的期望值至少为

$$|H\cap \text{pop}(t)|\cdot\frac{f(H,t)}{\overline{F}(t)}\cdot\left[1-p_c\cdot\frac{\delta(H)}{l-1}\right].\tag{2.2.6}$$

由式（2.2.6）可以看出，交叉操作对模式的影响与其定义距长度 $\delta(H)$ 有关. $\delta(H)$ 越大，模式被破坏的可能性越大. 若染色体位串为 l，在单点交叉算子的作用下模式 H 的存活概率 $p_{\text{survival}}^c\geqslant 1-\frac{\delta(H)}{l-1}$. 在交叉概率为 p_c 的单点交叉算子的作用下，该模式的存活概率为

$$p_{\text{survival}}^c\geqslant 1-p_c\cdot\frac{\delta(H)}{l-1}.\tag{2.2.7}$$

那么，模式 H 在选择、交叉算子共同作用下的生存数量可用下式计算：

$$|H\cap \text{pop}(t)|\geqslant|H\cap pop(t)|\times\frac{f(H,t)}{\overline{F}(t)}\times p_{\text{survival}}^c$$

$$\geqslant \left|H \cap \text{pop}(t)\right| \times \frac{f(H,t)}{\overline{F}(t)} \times \left[1 - p_c \cdot \frac{\delta(H)}{l-1}\right]. \qquad (2.2.8)$$

可见，在选择算子和交叉算子的共同作用下，模式 H 生存数量的变化与其平均适应值及定义距 $\delta(H)$ 密切相关．当 $f(H,t) > \overline{F}(t)$，且 $\delta(H)$ 较小时，群体中模式生存数量以指数级增长；反之，则以指数级减少．

（3）变异算子对模式 H 生存数量的影响

对变异后的每个个体，因为其每一位发生变异的概率为 p_m，所以该位不发生变异的概率为 $1-p_m$，而模式 H 在变异算子的作用下，若要不受破坏（即生存下来），其确定字符在变异时必须不发生变化，而模式的阶为 $o(H)$，因此在变异算子的作用下，H 不被破坏的概率为 $(1-p_m)^{o(H)}$．

综上所述，经选择、杂交和变异三个遗传算子作用后，$\text{pop}(t+1)$ 含 H 中元素个数的期望值应满足：

$$E(\left|H \cap \text{pop}(t+1)\right| \geqslant \left|H \cap \text{pop}(t)\right| \cdot \frac{f(H,t)}{\overline{F}(t)} \cdot \left[1 - p_c \cdot \frac{\delta(H)}{l-1}\right] \cdot (1-p_m)^{o(H)}, \qquad (2.2.9)$$

当 $p_m \ll 1, p_c \ll 1$ 时，$(1-p_m)^{o(H)} \approx 1 - p_m \cdot o(H)$，且

$$\left(1 - p_c \cdot \frac{\delta(H)}{l-1}\right) \cdot \left(1 - p_m \cdot o(H)\right) \approx 1 - p_c \cdot \frac{\delta(H)}{l-1} - p_m \cdot o(H). \qquad (2.2.10)$$

因此，由不等式（2.2.10）及三个遗传算子对模式的生存数量的影响分析，可得以下结论：

$$\begin{aligned} E(\left|H \cap \text{pop}(t+1)\right|) &\geqslant \left|H \cap \text{pop}(t)\right| \cdot \frac{f(H,t)}{\overline{F}(t)} \cdot \left[1 - p_c \cdot \frac{\delta(H)}{l-1}\right] \cdot (1-p_m)^{o(H)} \\ &\approx \left|H \cap \text{pop}(t)\right| \cdot \frac{f(H,t)}{\overline{F}(t)} \cdot \left[1 - p_c \cdot \frac{\delta(H)}{l-1} - p_m \cdot o(H)\right] \end{aligned} \qquad (2.2.11)$$

上式表明，在遗传算子选择、交叉、变异的作用下，那些低阶、定义长度短、超过群体平均适应值的模式的生存数量，将随着迭代次数的增加以指数级增长．

2.2.2 积木块理论[3,4]

定义 2.2.6 具有低阶、短定义距及高适应度的模式称为积木模块（building block）．

建筑模块假设：低阶、短定义距及高于平均适应度的模式在遗传算子的作用

下，相互结合，能生成高阶、长定义距、更高平均适应度的模式，并可最终生成全局最优解．

由于遗传算法的求解过程并不是在搜索空间中逐一的测试各个基因的枚举组合，而是通过一些较好的模式，像搭积木一样，将它们拼接在一起，从而逐渐的构造出适应度越来越高的个体编码串，因此，积木块理论还不够严密．

2.3　进化算法的收敛性理论

2.3.1　预备知识[5,6]

定义 2.3.1　设过去各时刻的状态分别为 $A_1, A_2, \cdots, A_{m-1}$，则其目前状态为 A_m 的概率可用条件概率 $p(A_m|A_1A_2\cdots A_{m-1})$ 表示，把这种根据过去所有状态确定目前状态，随时间推移的概率叫随机过程．

定义 2.3.2　若目前状态仅与前一个状态相关，即其概率可表为 $p(A_m|A_{m-1})$，则称此随机过程为马尔可夫链．

定义 2.3.3　若状态空间 E 为有限的马尔可夫链，则称此马尔可夫链为有限马尔可夫链．

设 E 为一个有限的状态空间，其基数是 $|E| = N$（有限的），因此各状态可依次记为 $1, 2, \cdots, N$，一个有限的马尔可夫链就是有限状态空间 E 上一个概率转移的轨迹．

定义 2.3.4　对马尔可夫链，若用 $p_{ij}(t)$ 表示在第 t 代从状态 $i \in E$ 转移到状态 $j \in E$ 的概率，则称其为第 t 代（时刻 t）从状态 i 到状态 j 的转移概率（transition probability）．

定义 2.3.5　若转移概率 $p_{ij}(t)$ 与 t 无关，即 $\forall t_1, t_2$，有 $p_{ij}(t_1) = p_{ij}(t_2)$，则称该马尔可夫链是时齐的（homogeneous）．

定义 2.3.6　对一个时齐的有限马尔可夫链，其转移概率可组成一个矩阵

$$P = \begin{bmatrix} p_{11} & p_{12} & \cdots & p_{1n} \\ p_{21} & p_{22} & \cdots & p_{2n} \\ \vdots & \vdots & & \vdots \\ p_{n1} & p_{n2} & \cdots & p_{nn} \end{bmatrix} = (p_{ij})_{n\times n},$$

称此矩阵为状态转移矩阵．显然，$p_{ij} \in [0,1]$，$\sum_{j=1}^{N} p_{ij} = 1$，$i = 1, \cdots, N$．

给定一个初始分布 p_0（p_0 为一个 n 维行向量，它的第 i 个分量表示开始时处于状态 i 的概率），设状态转移矩阵为 P，则经 t（时刻 t）代后，马尔可夫链的分布

便为 $p_t = p_0 P^t$. 因此，一个时齐的有限马尔可夫链可完全由初始分布 p_0 和状态转移矩阵 P 来确定.

定义 2.3.7　若一个 n 阶方阵 $A = (a_{ij})_{n\times n}$ 满足：

（a）$a_{ij} \geqslant 0,\ i,j = 1,\cdots,n$ ，则称 A 为非负的，记为 $A \geqslant 0$ ；

（b）$a_{ij} > 0,\ i,j = 1,\cdots,n$ ，则称 A 为正的，记为 $A > 0$ ；

（c）$A \geqslant 0$, 且 $\exists k \in N^+$ ， s.t. $A^k > 0$ ，则称 A 为本原的（primitive）；

（d）$A \geqslant 0$, 且 A 可以经过相同的行，列对换（perputations）化为形如 $\begin{bmatrix} C & 0 \\ R & T \end{bmatrix}$ 的形式，其中 C,T 为方阵，则称 A 为可约的（reducible）；

（e）$A \geqslant 0$ ，且不是可约的，则称为不可约（irreducible）；

（f）$A \geqslant 0$ ， $\sum_{j=1}^{N} a_{ij} = 1,\ \ i = 1,\cdots,n$ ，则称 A 为一个随机（stochastic）矩阵；

（g）$A \geqslant 0$ ，且 A 的每一列至少有一个元素大于 0，则称 A 为列容许的（column-allowable）；

（h）A 为随机矩阵且 A 有相同的行，则称 A 为一个稳定（stable）矩阵.

显然，随机矩阵的积仍为随机矩阵，每个正矩阵一定是本原的.

定理 2.3.1　设 P 是一个 n 阶本原随机矩阵，且是一个有限马尔可夫链的状态转移矩阵，则 $\lim_{k\to+\infty} P^k = P^\infty = \begin{bmatrix} \pi \\ \pi \\ \vdots \\ \pi \end{bmatrix}$ ，其中 $\pi = (p_1, p_2, \cdots, p_n)$ ， $0 < p_i < 1,\ \ i = 1,\cdots,n$ ， $\sum_{i=1}^{n} p_i = 1$. 即 P^∞ 是一个正的、稳定的随机矩阵，且不论其初始分布 p_0 如何选取，P^∞ 都有元素均为正的极限分布，且 $\lim_{k\to+\infty} p^k = \lim_{k\to+\infty} p^0 P^k = p^\infty = (p_1^\infty, p_2^\infty, \cdots, p_n^\infty)$ ，$0 \leqslant p_i^\infty \leqslant 1$ ， $i = 1,\cdots,n$ ， $\sum_{i=1}^{n} p_i^\infty = 1$.

定理 2.3.2　设 P 为 n 阶可约随机矩阵，且是一时齐的有限马尔可夫链的状态转移矩阵，$P = \begin{bmatrix} C & 0 \\ R & T \end{bmatrix}$ ，其中，C,T 为方阵，C 为 m 阶本原的随机矩阵，$R,T \neq 0$ ，则 P^k 收敛于唯一稳定的随机矩阵 P^∞ ，即 $p^k \to p^\infty = \begin{bmatrix} \pi \\ \vdots \\ \pi \end{bmatrix}$ ，其中，

$\pi = (\overbrace{p_1, p_2, \cdots, p_m, 0, \cdots, 0}^{n})$, $p_i > 0$，$i = 1, \cdots, m$，$\sum_{i=1}^{m} p_i = 1$，且不论初始分布 p_0 如何选取，都有唯一的极限分布 p^∞，使得 $p^k = p^0 P^k \to p^\infty = (p_1^\infty, p_2^\infty, \cdots, p_m^\infty, 0 \cdots, 0)$，其中，$p_i^\infty > 0, i = 1, \cdots, m$，$\sum_{i=1}^{m} p_i^\infty = 1$.

2.3.2　经典遗传算法的收敛性

经典遗传算法（CGA）的一般步骤：

步骤 1　种群初始化；

步骤 2　求每个个体的适应度；

步骤 3　进行选择操作；

步骤 4　重复以下（I）~（IV）直到终止条件成立.

（I）杂交（单点杂交）；（II）变异（位点变异）；（III）求适应度；（IV）选择（用比例选择）.

假设经典遗传算法（CGA）的种群规模为 n，即每代种群中含有 n 个个体，每个个体为一个长为 l 的二进制串，若将这些个体的二进制串一个接一个排列在一起，则每个种群与一个长为 nl 的二进制串一一对应.

现将每个可能的种群均看成是一个状态，则所有可能的种群便构成了状态空间 E，因为每个种群（状态）与一个长为 nl 的二进制串（数）一一对应，故状态空间 E 的每个元素可看成一个长为 nl 的二进制数，而状态空间是由所有可能的长为 nl 的二进制串构成，且状态空间 E 的基数 $|E| = 2^{nl}$，因此 E 为有限状态空间.

设 $i \in E$, 即 i 为一个长为 nl 的二进制串：$i = \overbrace{10\cdots01}^{l}\overbrace{10\cdots11}^{l}\cdots\overbrace{00\cdots10}^{l}$（共 n 个）. 令 $\pi_k(i)$ 表示第 k 个长为 l 的二进制串（即第 k 个个体对应的二进制串），则 $i = (\pi_1(i), \pi_2(i), \cdots, \pi_n(i))$.

状态（种群）的转移概率可用一个状态转移矩阵 P 表示，而这个转移过程是由杂交、变异和选择这些中间进化算子来实现的，设杂交算子、变异算子和选择算子的状态转移矩阵分别为 C，M 和 S，注意到杂交是作用在父代种群中两个不同的个体，并以概率的方式产生两个新个体，因此杂交可看成是从一个状态 i 到另一个状态 j 的随机变换，由于其作用的方式不随代数 t 的改变而改变，故杂交的状态转移矩阵 C 是一个与代数 t 无关的随机矩阵. 同理，M 和 S 为随机矩阵，且与 t 无关. 因此，经典遗传算法（CGA）可看成一个时齐的有限马尔可夫链，

其状态转移矩阵为 $P=CMS$.

引理 2.3.1 若 C,M,S 均为 n 阶随机矩阵，且 M 为正矩阵，S 为列容许的，则 $P=CMS$ 为正矩阵.

证明 记 $A=CM,C=(c_{ij}),M=(m_{ij}),S=(s_{ij}),A=(a_{ij})$, 因为 C 为随机矩阵，故其每一行至少有一个正元素，因为 $M>0$, 故 $\forall i,j$ ，有 $a_{ij}=\sum_{k=1}^{n}c_{ik}m_{kj}>0$ ，即 A 为正矩阵．而 $P=AS$, 故 $\forall i,j$ ，有 $p_{ij}=\sum_{k=1}^{n}a_{ik}s_{kj}$ ，又因为 S 为列容许的，A 为正矩阵，故 $p_{ij}>0$, 即 P 为正矩阵.

定理 2.3.3 对于 CGA，若取选择算子为比例选择，且选择概率 $p_c\in(0,1)$ ，变异概率 $p_m\in(0,1)$ ，则其状态转移矩阵 $P=CMS>0$ ，因而为本原矩阵.

证明 只需证 M 为正矩阵，S 为列容许阵．由前面知，C,M,S 均为随机矩阵，且从状态 i 经变异变到状态 j 的概率 m_{ij} 为

$$m_{ij}=p(i\to j)=p_m^{H(i,j)}(1-p_m)^{nl-H(i,j)}>0,\ \forall i,j\in E,$$

其中 $H(i,j)$ 为状态 i 和状态 j 之间的 Hamming 距离，故 $M>0$ ．又设 $i=(\pi_1(i),\pi_2(i),\cdots,\pi_n(i))\in E$ 为任一经变异后产生的状态，则经选择后该状态仍被选择的概率 s_{ii} 为

$$s_{ii}=\frac{\prod_{k=1}^{n}f(\pi_k(i))}{[\sum_{j=1}^{n}f(\pi_j(i))]^n}>0,\quad \forall i\in E.$$

于是 S 的主对角线上元素大于 0，故其为列容许的．因此，由引理 2.3.1 知，$P=CMS>0$ ，因而是本原矩阵.

推论 2.3.1 在定理 2.3.3 的假设下，CGA 是一个遍历（ergodic）的马尔可夫链．即不论初始分布如何，都有唯一的极限分布 $p^{\infty}=(p_1^{\infty},p_2^{\infty},\cdots,p_{n^{2l}}^{\infty})$ ，$p_i^{\infty}>0(i=1,\cdots,n^{2l})$, 且在任一代 k ，马尔可夫链处于任一状态的概率大于 0（即 $p^k=p^0P^k$ 为一个各元素均为正的行向量）.

定义 2.3.8 设 $Z_t=\max\{f(\pi_k^{(t)}(i))|k=1,2,\cdots,n\}$ ，其中 $\pi_k^{(t)}(i)$ 表示在第 t 代的种群（对应状态 i ）中的第 k 个个体．一个遗传算法称为收敛于全局最优解（或以概率 1 收敛于全局最优解）当且仅当 $\lim_{t\to\infty}\text{prob}\{Z_t=f^*\}=1$ ，f^* 表示全局最优解，$\text{prob}\{\Box\}$ 表示“□”的概率.

定理 2.3.4 在定理 2.3.3 的条件下，CGA 不依概率收敛到全局最优解.

证明　对于满足 $\max\{f(\pi_k(i))\big|k=1,\cdots,n\}<f^*$ 的任意状态 $i\in E$，设 p_i^t 是第 t 代种群处于状态 i 的概率，则满足 $\max\{f(\pi_k(i))\big|k=1,\cdots,n\}<f^*$ 的状态 i 可能不止一个，故 $P\{Z_t<f^*\}=P\{Z_t\neq f^*\}\geqslant p_i^t\Leftrightarrow P\{Z_t=f^*\}\leqslant 1-p_i^t$，因此，由定理 2.3.1 知 $p_i^t\to p_i^\infty>0\ (t\to\infty)$. 故 $\lim\limits_{t\to\infty}P\{Z_t=f^*\}\leqslant 1-p_i^\infty<1$，即 CGA 不收敛于全局最优解.

由定理 2.3.1 和推论 2.3.1 知，初始分布 p^0 对马尔可夫链的极限行为没有影响，因此对种群的初始化可以是任意的，这样在 CGA 框架中进入循环之前的选择可以略去.

尽管 CGA 不具有全局收敛性，但其在有限代总能找到问题的全局最优解.

定理 2.3.5　在一个遍历的马尔可夫链中，对任意的初始状态 i（对应于 CGA 初始种群）及任一其他状态 j，从状态 i 转移到状态 j 的转移次数的期望值为有限的，于是 CGA 找到最优解的代数的期望值是有限的.

由定理 2.3.5 可知，包含全局最优解的状态总能在有限步出现，因此，CGA 在有限步总能产生出全局最优解，若此时将全局最优解保留下去，则 CGA 应该收敛. 为说明这一点，将原来 CGA 加以修改，得到改进的经典遗传算法.

2.3.3　改进的经典遗传算法的收敛性

改进的经典遗传算法（ICGA）：对于经典遗传算法（CGA），每次选择后，在种群中加入一个超级个体（super individual），此个体表示到目前为止算法找到的最好个体，它不参加杂交、变异和选择.

为讨论改进后 ICGA 的收敛性，下面对 ICGA 特作以下说明：

① 每个种群加入超级个体后看成一个状态，这样，每个状态可看成由 $(n+1)$ 个个体组成的长为 $(n+1)\cdot l$ 的二进制串，超级个体的串放在最左边.

② 状态空间的基数由原来的 2^{nl} 增加到 $2^{(n+1)l}$.

③ 对状态 i 中的超级个体用 $\pi_0(i)$ 来记，其余个体依次记为 $\pi_1(i),\cdots,\pi_n(i)$，即：$i=\pi_0(i),\pi_1(i),\cdots,\pi_n(i)$ 表示串长为 $(n+1)\cdot l$ 的二进制串.

④ 状态编号规则：

（a）超级个体的适应度越大，则包含该超级个体的状态编号越小.

（b）对含有相同超级个体的状态一个接一个排列，其之间不插入其他状态.

因此，由状态编号规则知：

（I）超级个体为最优个体时，该状态应放在最前.

（II）每个超级个体存在 2^{nl} 个状态. 事实上，对每一个固定的超级个体（即最左面 l 个 0,1 字符固定），后面 n 个个体对应的长为 nl 的 0,1 字符串有 2^{nl} 种取法，故每个超级个体都对应于种群所有可能的 2^{nl} 个状态，这 2^{nl} 个状态看成一状态组.

⑤ 由于每个超级个体不参加杂交、变异和选择，每个超级个体对应的状态组包含了种群（对应 nl 长 0,1 字符串）所有可能的状态（ 2^{nl} 个），因此，杂交、变异、选择的结果的状态仍含在这个状态组. 若 CGA 中杂交、变异、选择算子的状态转移矩阵分别记为 C,M,S（它们均为 2^{nl} 阶矩阵），则加入超级个体后的杂交、变异、选择算子的状态转移矩阵分别为

$$C^{+}=\begin{bmatrix} C & & & \\ & C & & \\ & & \ddots & \\ & & & C \end{bmatrix}_{2^l\times 2^l},\quad M^{+}=\begin{bmatrix} M & & & \\ & M & & \\ & & \ddots & \\ & & & M \end{bmatrix}_{2^l\times 2^l},\quad S^{+}=\begin{bmatrix} S & & & \\ & S & & \\ & & \ddots & \\ & & & S \end{bmatrix}_{2^l\times 2^l}.$$

于是经这三个进化算子作用后的状态转移矩阵应为

$$C^{+}M^{+}S^{+}=\begin{bmatrix} CMS & & & \\ & CMS & & \\ & & \ddots & \\ & & & CMS \end{bmatrix}=\begin{bmatrix} P & & & \\ & P & & \\ & & \ddots & \\ & & & P \end{bmatrix}，其中 P=CMS.$$

⑥ 在杂交、变异和选择之后，ICGA 还要修正（或保持）超级个体，由此引起的状态转移用状态转移矩阵 U 来表示，其中 $U=(u_{ij})$ 为 $2^{(n+1)l}$ 阶矩阵. 令 $b=\arg\max\left\{f(\pi_k(i))\middle|i=1,\cdots,n\right\}$ 为状态 i 对应的种群中的最佳个体（不含超级个体 $\pi(i)$ ），若记状态 $j=b\pi_1(i)\pi_2(i)\cdots\pi_n(i)$ ，则当 $f(\pi_0(i))<f(b)$ 时，经过更新步骤 $i\to j$ ，有 u_{ij}=1，$u_{ir}=0$ ，$r\neq j$；否则，u_{ii}=1，u_{ij}=0（ $j\neq i$ ）. 当 $f(\pi_0(i))\geqslant f(b)$ 时，经过更新步骤 $i\to i$ ，u_{ii}=1，$u_{ir}=0$ ，$r\neq i$.

⑦ 状态是按超级个体的优劣从前到后排列的，而修正只能改进或保持超级个体，它只能将排在后面的状态修正为较前的状态，又每个超级个体对应于 2^{nl} 个状态，且一个接一个排列，因此，U 应为一个下三角矩阵，即

$$U=\begin{bmatrix} U_{11} & & & \\ U_{21} & U_{22} & & \\ \vdots & \vdots & \ddots & \\ U_{2^l1} & U_{2^l2} & \cdots & U_{2^l2^l} \end{bmatrix},$$

其中，$U_{11}=0$ ，$U_{rr}(r\geqslant 2)$ 为非零的对角阵，$U_{r1}\neq 0(r>2)$.

⑧ 修改的 ICGA 的状态转移矩阵变为

$$P^+ = C^+M^+S^+U = \begin{bmatrix} P & & & \\ & P & & \\ & & \ddots & \\ & & & P \end{bmatrix} \cdot \begin{bmatrix} U_{11} & & & \\ U_{21} & U_{22} & & \\ \vdots & \vdots & \ddots & \\ U_{2^l 1} & U_{2^l 2} & \cdots & U_{2^l 2^l} \end{bmatrix}$$

$$= \begin{bmatrix} PU_{11} & & & \\ PU_{21} & PU_{22} & & \\ \vdots & \vdots & \ddots & \\ PU_{2^l 1} & PU_{2^l 2} & \cdots & PU_{2^l 2^l} \end{bmatrix} = (PU_{ij}) .$$

令 $\bar{C} = PU_{11} = P > 0$，令 $R = \begin{bmatrix} PU_{21} \\ PU_{31} \\ \vdots \\ PU_{2^l 1} \end{bmatrix} \neq 0$，$T = \begin{bmatrix} PU_{22} & & \\ \vdots & \ddots & \\ PU_{2^l 2} & \cdots & PU_{2^l 2^l} \end{bmatrix} \neq 0$，

所以$\bar{P} = P^+ = \begin{bmatrix} \bar{C} & O \\ R & T \end{bmatrix}$，其中 $\bar{C} > 0,\ \ R \neq 0,\ \ T \neq 0$.

定理 2.3.6　当杂交和变异概率 p_c, p_m 及选择算子按定理 2.3.3 选取时，ICGA 依概率收敛到全局最优解.

证明　注意到 P^+ 中子矩阵 $\bar{C} = PU_{11} = P > 0$ 的行对应全局最优解作为超级个体的全部 2^{nl} 状态，即对应了全部的全局最优状态，故 $\bar{C}$ 为本原的. 又因为 $R, T \neq 0$，由定理 2.3.2 知，对任意的初始状态 p^0，存在唯一的极限分布

$$p^\infty = \lim_{t \to \infty} p^0 (p^+)^t = (p_1^\infty, p_2^\infty, \cdots, p_{2^{nl}}^\infty, 0, \cdots, 0) ,$$

其中，$p_r^\infty > 0 (i = 1, \cdots, 2^{n \cdot l})$，$\sum_{i=1}^{2^{nl}} p_i^\infty = 1$，于是极限状态处于每个非最优状态的概率为 0，即 $\lim_{t \to \infty} P\{Z_t \neq f^*\} = 0$. 故极限状态处于全局最优状态的概率为 1，即 $\lim_{t \to \infty} P\{Z_t = f^*\} = 1$，其中 $Z_t = \max\{f(\pi_k^t(i)) | k = 1, \cdots, n\}$ 表示在第 t 代种群（对应 CGA 中状态 i）中最佳个体（包括超级个体）的适应度，f^* 表示全局最优解的适应度.

定理 2.3.7　在 CGA 中，若在选择之前，杂交、变异之后更新超级个体，则所得算法收敛到全局最优解.

证明　设状态转移矩阵 $P^+ = C^+M^+US^+$，令 $H^+ = C^+M^+, H = CM$，则

$$P^{+}=\begin{bmatrix}H&&&\\&H&&\\&&\ddots&\\&&&H\end{bmatrix}\begin{bmatrix}U_{11}&&&\\U_{21}&U_{22}&&\\\vdots&\vdots&\ddots&\\U_{2^l1}&U_{2^l2}&\cdots&U_{2^l2^l}\end{bmatrix}\begin{bmatrix}S&&&\\&S&&\\&&\ddots&\\&&&S\end{bmatrix}$$

$$=\begin{bmatrix}HU_{11}S&&&\\HU_{21}S&HU_{22}S&&\\\vdots&\vdots&\ddots&\\HU_{2^l1}S&HU_{2^l2}S&\cdots&HU_{2^l2^l}S\end{bmatrix}.$$

记 $\bar{C}=HU_{11}S=HS=CMS=P>0$, 注意到 C 为随机矩阵，$M>0$，则 $H=CM>0$，另外，记

$$R=\begin{bmatrix}HU_{21}S\\\vdots\\HU_{2^l,1}S\end{bmatrix},\quad T=\begin{bmatrix}HU_{22}S&&\\\vdots&\ddots&\\HU_{2^l2}S&\cdots&HU_{2^l2^l}S\end{bmatrix},$$

易证 $R\neq 0,T\neq 0$，故类似定理 2.3.6 的证明，可证 $\lim\limits_{t\to\infty}P\{Z_t=f^*\}=1$，即算法收敛于全局最优解.

2.3.4 一般遗传算法的收敛性

考虑极小化问题

$$\min\{f(x)|x\in\Omega\},\tag{2.3.1}$$

其中 Ω 为搜索空间，且为有限集.

一般遗传算法（OGA）框架（只给出第 k 代到第 $k+1$ 代）：

步骤1 记第 k 代种群为 $\text{pop}(k)=\{x_1,x_2,\cdots,x_N\}$，选择参与杂交的个体，此过程可表示为 $m(k)=\text{mat}\{\text{pop}(k)\}=\{z_1,z_2,\cdots,z_p\}$，$z_j\in\text{pop}(k)$，$j=1,2,\cdots,p$.

步骤2 对 $m(k)$ 中的个体进行杂交，杂交产生的后代记为 $\bar{o}(k)$，此过程可表示为 $\bar{o}(k)=\{\bar{o}_1,\bar{o}_2,\cdots,\bar{o}_q\}=\text{cros}\{m(k)\}$.

步骤3 对 $m(k)$ 中的个体进行变异，变异产生的后代记为 $o(k)$，此过程可表示为 $o(k)=\{o_1,o_2,\cdots,o_q\}=\text{mut}\{\bar{o}(k)\}$.

步骤4 从 $\text{pop}(k)\cup\bar{o}(k)$, 或者 $o(k)$ 中选择下一代种群 $\text{pop}(k+1)$，即 $\text{pop}(k+1)=\{y_1,y_2,\cdots,y_N\}=\text{sel}\{\text{pop}(k)\cup\bar{o}(k),o(k)\}$.

若令 $f^*=\min\{f(x),x\in\Omega\}$，$f_k^*=\min\{f(x)|x\in\text{pop}(k)\}$，则

（1）$\text{pop}(k+1)$ 只与 $\text{pop}(k)$ 有关，与 $\text{pop}(k-1),\cdots,\text{pop}(0)$ 无关. 因此具有马尔

可夫性质，所以用马尔可夫过程可描述 OGA 的进化过程（状态转移矩阵）.

（2）k（时间）取非负整数，故此过程为离散时间马尔可夫过程.

（3）Ω 是有限集，状态空间 $E=\Omega^N$，其基数 $|E|=|\Omega|^N$ 是有限集，故此过程为离散时间有限马尔可夫链.

（4）若 Ω 为无限集，则 OGA 可用离散时间无穷状态的马尔可夫链来描述.

定义 2.3.9　对算法 OGA，若 $\forall x, y \in \Omega$，由 x 通过杂交和变异产生出 y 的概率 $P\{\text{mut}(\text{cros}(x))\}>0$，则称由 x 通过杂交和变异可达 y，或简称 y 是由 x 可达的.

定理 2.3.8[7,8]　对问题（2. 3. 1），若一个进化算法满足下面两个条件：

（A）$\forall x, y \in \Omega$，y 是由 x 可达的.

（B）$\text{pop}(k)$ 是单调的，即 $\forall k$，有

$$\min\{f(x_k), x_k \in \text{pop}(k)\} \geqslant \min\{f(x_{k+1}), x_{k-1} \in \text{pop}(k+1)\},\tag{2.3.2}$$

则该进化算法以概率 1 收敛到全局最优解，即

$$P\{\lim_{k\to\infty} f(x_k)=f^*\}=1,\tag{2.3.3}$$

其中 $x_k \in \text{pop}(k)$.

2.4　进化算子及其操作设计

进化算子一般包括选择（selection）、复制（reproduction）、杂交（crossover）和变异（mutation）四种形式. 它们构成了进化算法的核心，使得算法具有强大的搜索能力. 其中杂交算子是进化算法中最主要的进化操作.

选择算子　选择操作就是用来确定采取何种方式从群体中选取个体进化到下一代的进化运算. 它是根据个体适应度函数值的大小正比于其被选入交配池（mating pool）的概率过程，在备选集中按照一定的选择概率进行操作，这个概率取决于种群中个体的适应度及其分布. 选择算子可看做是种群空间到母体空间的随机映射，它按照某种准则或概率分布从当前种群中以较高的概率选取那些好的个体组成不同的母体以供生成新的个体. 目前常用的选择算子有：适应值比例选择、Boltzmann 选择、排序选择、联赛选择、精英选择、稳态选择等形式.

杂交算子　杂交操作是进化算法中最主要的进化操作. 它是模仿自然界有性繁殖基因重组过程，对两个父代个体进行基因操作，其作用在于把原有优良基因遗传到下一代种群中，并生成包含更复杂基因结构的新个体. 杂交算子可看做是

母体空间到个体空间的随机映射，其主要作用是增加种群的多样性，使得算法的搜索空间尽量扩散到整个解空间．常用的杂交算子有单点杂交、两点杂交、多点杂交、均匀杂交．另外，针对不同的编码方式，也有不同的杂交算子，如：位串杂交，算术杂交、顺序杂交、边重组杂交等形式．

变异算子　变异运算是指将个体染色体编码串中的某些基因位上的基因值用该基因位的其他等位基因来替换，从而形成一个新个体．在进化算法中，变异算子通过变异概率 p_m 随机对个体染色体中的基因进行突变来实现．为了保证个体变异后不会与其父体产生太大差异，变异概率一般取值较小（0.01~0.03），以保证种群发展的稳定性，维持群体的多样性，防止出现早熟现象．当种群规模较大时，在交叉操作的基础上引入适度的变异，也能够提高进化算法的搜索效率．常用的变异算子有：位点变异、插入变异、对换变异、边界变异、非均匀变异、Gauss 变异等．

终止条件　进化算法的终止条件通常是用来判断群体已进化成熟不再需要进化的条件．通常采用设定最大代数的方法，该方法简单易行但不准确；首先，根据群体的收敛程度来控制；其次，根据算法的最优解连续多少代没有新的改进来确定；最后，在精英保留选择策略的情况下，可以按每代最佳个体的适应值变化情况确定．

在进化算法的设计中，还需考虑如下几个重要因素．

（1）参数编码

当用进化算法求解问题时，必须在问题的搜索空间内建立算法染色体位串结构之间关系，即确定编码和解码运算．编码一般应满足以下三个主要规则：

1）完备性（completeness）：原问题空间中所有点（可行解）都能成为编码后的点．

2）健全性（soundness）：编码后的空间中的点能对应原问题空间中的所有点．

3）非冗余性（non-redundancy）：编码前后空间的点一一对应．

目前常用的编码方式有二进制编码，这种编码是最基本的编码方式，除了二进制编码之外，还有各种其他的编码形式，如：格雷编码、序列编码、实数编码（本书的算法全部采用实数编码）、树编码、自适应编码、乱序编码和多参数编码等．

（2）初始种群

依据模式定理，种群规模对算法的性能影响很大．若种群规模为 N，则遗传算子可以从这几个个体中生成 $o(N^3)$ 个模式，并在此基础上形成更优模块，直到找到最优解．一定数量的个体组成了种群，种群中个体的数目称为种群规模．由于进化算法的群体性操作需要，在执行进化操作之前，必须有一个由若干初始解组成的初始种群．但在实际操作中，往往并不具有关于问题解空间的先验知识，所以很难确定最优解的数量及其在可行解空间中的分布．因此，通常在问题的解空间均匀布点，随机生成一定数目的个体．

初始种群的设定可采取以下策略：

1）估计最优解在整个问题空间的分布范围，然后在此分布范围内均匀设定初始种群．

2）随机生成一定数目的个体，然后从中选出最好的个体加入种群中，不断重复这一过程，直至达到种群规模．

另外，对于带约束域的问题，还需考虑随机初始化的点是否在可行区域范围之内，所以产生初始种群时一般必须借助问题可行域的相关知识．同时，一般的群体规模在几十到几百之间取值，有时根据问题的复杂程度进行适当的选取．问题越难，种群规模应适当大一些，若能有效利用相关问题的信息，种群规模应尽量减少．

（3）适应度函数的设计

进化算法将问题空间表示为染色位串空间，为了执行适者生存的原则，必须对个体位串的适应性进行评价．因此，适应度函数就构成了个体的生存环境．根据个体的适应值，就可以决定它在此环境下的生存能力．一般来说，较好的染色体位串结构具有较高的适应函数值，即可以获得较高的评价，具有较强的生存能力．由于适应度函数是群体中个体生存机会选择的唯一确定性指标，所以适应度函数的形式直接决定着群体的进化行为．一般情况下，适应度函数要依据编码设定，具体反映对求解的实际问题与最优解的接近情况，通常取为非负．

适应度函数的设计一般满足以下条件：

1）解析性质：连续、非负．

2）合理性：适应度函数的设计应尽可能简单．

3）近似量小：适应度函数对某一类具体问题，应尽可能通用．

当然对于特殊设计的进化算法，可以不必遵守上述规则．

2.5　本 章 小 结

关于进化算法的基础理论，目前的研究成果还不成熟，其大部分根据设计的特定算法给出一些收敛性分析．本章在参考前人工作的基础上，主要对进化算法中重要的模式理论和经典的遗传算法、改进的遗传算法和一般遗传算法的有关理论作简单介绍，以供读者对进化算法中一些比较成熟的理论有个全面的了解，并以此为基础，对进化算法的理论做进一步的研究.

参 考 文 献

[1] De Jong K A. An analysis of the behavior of a class of genetic adaptive systems. PH.D Dissertation, University of Michigan, 1975: 76-9381.

[2] Horn J. Multi-criterion decision making. // Bäck T H. Handbook of Evolutionary Computation. Oxford: Oxford University Press, 1997.

[3] 李敏强, 寇纪淞, 林丹等. 遗传算法的基本原理与应用. 北京: 科学出版社, 2003.

[4] 刘勇, 康立山, 陈毓屏. 非数值并行算法(第二册)——遗传算法. 北京: 科学出版社, 1995.

[5] 盛骤, 谢式千, 潘承毅. 概率论与数理统计（第二版）. 北京: 高等教育出版社, 2002.

[6] 杨振明. 概率论. 北京：科学出版社，2001.

[7] Holland J H. Outline for a logical theory of adaptive systems. Journal of the Association for Computing Machinery, 1962,（3）：297-314.

[8] Holland J H. A new kind of turnpike theorem. Bulletin of the American Mathematical Society, 1969,（75）: 297-314.

第 3 章　动态无约束多目标优化进化算法

由绪论知，动态多目标优化问题（dynamic multiobjective optimization problems，DMOP）与静态多目标优化问题的不同之处在于DMOP的目标函数不仅与决策变量有关，而且还会随着时间（环境）动态改变，因此其最优解也会随着时间（环境）动态变化．近几年来，许多学者都致力于这方面的研究．Marco等[1]提出了一种邻域搜索算法；Deb等[2]在NSGAII基础上提出了动态多目标优化进化算法（DNSGAII）；Iason等[3]提出了一种基于向前预测（forward-looking approach）的动态多目标优化进化算法；Zhang Zhuhong [4]提出了动态免疫多目标优化算法；Amato等[5]提出了基于人工生命的动态多目标优化进化算法；Z. Bingul等[6]提出了自适应动态多目标优化进化算法．另外，一些关于动态多目标测试函数的研究成果也相继出现，如文献[7，8]．

可是，当 DMOP 随时间（环境）连续缓慢变化时，上述这些算法很难对环境的改变做出快速准确的反应，即它们很难在连续的时间区间上获得 DMOP 的质量较好、分布均匀且随时间连续变化的Pareto最优解集．为了克服这种缺陷，本章针对随时间缓慢连续变化的动态无约束多目标优化问题（dynamic unconstrained multiobjective optimization problems，DUMOP）给出了一种求解的进化算法，同时利用概率论的相关知识证明了算法的收敛性，最后通过计算机仿真对算法的有效性进行了验证．

3.1　问题及相关概念

考虑下列动态无约束多目标优化问题（DUMOP）

$$\min_{x\in \mathbb{R}^n} f(x,t)=(f_1(x,t),f_2(x,t),\cdots,f_m(x,t)). \tag{3.1.1}$$

其中，$t\in[t_0,t_s]\subset \mathbb{R}$ 是时间（环境）变量，$x=(x_1,x_2,\cdots,x_n)^{\mathrm{T}}$ 是 $\mathbb{R}^n$ 上的n维决策向量，$f_i(x,t)(i=1,2,\cdots,m)$ 为依赖 t 的 m 个动态子目标函数．$f(x,t):\mathbb{R}^n\times\mathbb{R}\to\mathbb{R}^m$ 是目标向量函数．特别地，当 $m=1$ 时，问题（3.1.1）变为动态无约束单目标优化问题．

定义 3.1.1（非劣性，dominance）　一个向量 $u=(u_1,u_2,\cdots,u_m)^{\mathrm{T}}$ 称为非劣于(dominates, $\prec$)另一个向量 $v=(v_1,v_2,\cdots,v_m)^{\mathrm{T}}$，当且仅当 $\forall i\in\{1,2,\cdots,m\},u_i\leqslant v_i$，且至少存在一个指标 $i\in\{1,2,\cdots,m\}$，使得 $u_i<v_i$，记作 $u\prec v$．

定义 3.1.2　一个点 $x\in\mathbb{R}^n$ 称为环境 t 下问题（3.1.1）的非劣解（Pareto最优

解），当且仅当不存在点 $y \in \square^n$，使得 $f(y,t) \prec f(x,t)$.

定义 3.1.3 环境 t 下，问题（3.1.1）的所有 Pareto 最优解构成其在决策空间 $\square^n$ 上的 Pareto 最优解集，记作 $P_S(t)$.

定义 3.1.4（Pareto前沿面， Pareto front） 环境 t 下，问题（3.1.1）的所有 Pareto 最优解通过目标函数 $f(x,t)$ 映射在目标空间 $\square^m$ 中的像构成其 Pareto前沿面或 Pareto 最优解集（目标空间 $\square^m$），记作 $P_F(t)$.

定义 3.1.5 在固定环境 t，对任意充分小的 $\varepsilon > 0$，若 $P_S^{(k)}(t)$ 是算法在第 k 代求得优化问题（3.1.1）的 Pareto 最优解集，且满足

$$\left\|P_S^{(k)}(t) - P_{\text{true}}(t)\right\| \leqslant \varepsilon, \tag{3.1.2}$$

则称解集 $P_S^{(k)}(t)$ 是问题（3.1.1）具有 ε -精度的Pareto最优解集. 其中，不等式 $\left\|P_S^{(k)}(t) - P_{\text{true}}(t)\right\| \leqslant \varepsilon$ 表示 $\forall x \in P_S^{(k)}(t), \exists x^* \in P_{\text{true}}(t)$，使得 $\left\|x - x^*\right\| \leqslant \varepsilon$ 成立，$P_{\text{true}}(t)$ 是问题（3.1.1）在环境 t 下的真正 Pareto 最优解集.

3.2 静态优化模型

假设问题（3.1.1）的目标函数 $f(x,t)$ 是时间 t 的连续函数，下面建立问题（3.1.1）的一种静态双目标优化模型.

3.2.1 DUMOP 转化为许多静态优化问题

对于优化问题（3.1.1），把其连续变化的时间变量区间 $[t_0, t_s]$ 进行等区间分割，不妨设分成了若干个子区间 $[t_{i-1}, t_i]$， $i = 1, 2, \cdots, s$， $t_0 < t_1 < \cdots < t_s$. $\forall i \in \{1, 2, \cdots, s\}$，优化问题（3.1.1）的目标函数是时间 t 的连续函数，因此当子区间 $[t_{i-1}, t_i]$ 的长度充分小时，定义在 $[t_{i-1}, t_i]$ 上的动态多目标优化问题随时间的变化非常微小，这样，每个子区间 $[t_{i-1}, t_i](i = 1, 2, \cdots, s)$ 上的动态多目标优化问题就可以近似地看做是 $[t_{i-1}, t_i]$ 上某固定时刻（环境）点（不妨取 $[t_{i-1}, t_i]$ 的右端点 t_i ）处的一个静态多目标优化问题. 这样，原来随时间连续变化的动态无约束多目标优化问题（3.1.1）可近似地转化为时间取值在若干个时刻点 $t_i (i = 1, \cdots, s)$ 上的静态多目标优化问题，i.e.,

$$\min_{x \in \square^n} f(x, t_i) = (f_1(x, t_i), f_2(x, t_i), \cdots, f_m(x, t_i)), \quad i = 1, \cdots, s, \tag{3.2.1}$$

其中， $t_i (i = 1, \cdots, s)$ 是第 i 个子区间 $[t_{i-1}, t_i] \subset \square$ 上取定的时刻（环境）点， $x = (x_1, x_2, \cdots, x_n)^{\mathrm{T}} \in \square^n$ 是 n 维决策向量， $f_j(x, t_i)(j = 1, \cdots, m)$ 为环境 t_i 下的 m 个静态子目标函数， $f(x, t_i) : \square^n \times t_j \to \square^m$ 是环境 t_i 取定时的目标向量函数.

3.2.2　静态双目标优化模型

为了有效地求出式（3.2.1）中每个静态多目标优化问题分布均匀且质量较好的 Pareto 最优解，下面利用新定义的两个优化目标函数进一步把式（3.2.1）转化为静态双目标优化问题.

定义 3.2.1　在固定环境 t_i 下（即优化问题（3.2.1）的时间变量 t 在环境 t_i 取确定值），设第 k 代种群 $\mathrm{pop}^k(t_i)$ 是由 N 个个体 $x_1,x_2,\cdots,x_N$ 构成的. 对任意个体 $x\in\mathrm{pop}^k(t_i)$，令 $n(x)$ 是种群 $\mathrm{pop}^k(t_i)$ 中非劣于个体 x 的所有个体的个数，则称 $1+n(x)$ 为个体 x 的序值，记作

$$r_{t_i}(x)=1+n(x). \tag{3.2.2}$$

从 $r_{t_i}(x)$ 的表达式可知，$r_{t_i}(x)$ 的值越小，表示在环境 t_i 下获得的解越接近问题的 Pareto前沿面. 因此，$r_{t_i}(x)$ 可作为环境 t_i 下所得解的质量度量函数.

定义 3.2.2　在环境 t_i 下，设第 k 代种群 $\mathrm{pop}^k(t_i)$ 是由 N 个个体 $x_1,x_2,\cdots,x_N$ 构成的，其对应目标空间 $\mathbb{R}^m$ 中的像分别为 $U_1,U_2,\cdots,U_N$，$\forall\tau\in\{1,2,\cdots,N\}$，令

$$D_\tau=\min\{\|U_\tau-U_j\|_2,\ j\neq\tau,\ j=1,2,\cdots,N\}, \tag{3.2.3}$$

$$\overline{D}=\frac{1}{N}\sum_{\tau=1}^{N}D_\tau, \tag{3.2.4}$$

记 $S=\{U_1,U_2,\cdots,U_N\}$，对任意解 $U_\tau\in S(\tau=1,2,\cdots,N)$，称 $|m(x_\tau)|$ 为解向量 U_τ 在环境 t_i 下对应于搜索空间 $[L,U]$ 中的个体 x_τ 的密度，记作 $\tilde{\rho}(x_\tau)$，其中，$m(x_\tau)=\{j\,|\,\|U_j-U_\tau\|_2\leqslant\overline{D},\ j=1,2,\cdots,N\}$. 若令 $\overline{\rho}(S)=\dfrac{1}{N}\sum_{\tau=1}^{N}\tilde{\rho}(x_\tau)$，则定义

$$\rho_{t_i}(x)=\sqrt{\frac{1}{N}\sum_{\tau=1}^{N}(\overline{\rho}(S)-\tilde{\rho}(x_\tau))^2} \tag{3.2.5}$$

为环境 t_i 下所得目标空间 $\mathbb{R}^m$ 中解的均匀性度量函数. 显然，$\rho_{t_i}(x)$ 越趋于零，环境 t_i 下所得解的均匀性越好. 因此，$\rho_{t_i}(x)$ 可以作为环境 t_i 下所得解的均匀性度量函数.

从以上两个度量函数可以看出，在环境 t_i 下，如果将这两个函数作为两个优化的目标，那么优化问题（3.2.1）可以转化为下列双目标优化问题，i.e.,

$$\min\{r_{t_i}(x),\rho_{t_i}(x)\},\quad i=1,\cdots,s. \tag{3.2.6}$$

当环境t_i取定时，式（3.1.1）与式（3.2.6）的解之间成立如下关系.

定理 3.2.1 任意环境$t_i(i=1,\cdots,s)$下，设种群$\text{pop}(t_i)$中每个解是问题（3.1.1）的 Pareto 最优解，则它们必是问题（3.2.6）的解；反之，若原问题（3.1.1）有不少于种群规模的解，则必存在一个种群$\text{pop}^*(t_i)$，其中每个解既是问题（3.2.6）的解，又是问题（3.1.1）的解.

证明 对任意固定环境t_i，设种群$\text{pop}(t_i)$中的每个解是问题（3.1.1）的 Pareto 最优解，则$\text{pop}(t_i)$中每个解的序值应达到最小1．因此，$\text{pop}(t_i)$中解的质量度量函数值也达到最小1，故$\text{pop}(t_i)$中的每个解是问题（3.2.6）的解．反之，若一个种群$\text{pop}'(t_i)$中的解是问题（3.2.6）的解，但$\text{pop}'(t_i)$中有某个解不能使问题（3.2.6）的第一个目标达到极小值1，则一定存在问题（3.1.1）的一个 Pareto 最优解使其优于此解．用此 Pareto 最优解取代此解，并将种群$\text{pop}'(t_i)$中的所有这种较差解都用比它优的 Pareto 最优解取代，那么得到的新种群$\text{pop}^*(t_i)$中的所有解都是问题（3.1.1）的 Pareto 最优解，故种群$\text{pop}^*(t_i)$可使问题（3.2.6）的第一个目标极小化，因而，$\text{pop}^*(t_i)$中的解既是问题（3.1.1）的解，又是问题（3.2.6）的解.

3.3 解动态无约束多目标优化进化算法

下面针对上述建立的双目标优化模型（3.2.6）提出一种新的求解进化算法，首先给出几个有效的进化算子.

3.3.1 子空间 Levy 分布杂交算子

为了使算法搜索问题的解空间更加广泛，产生的种群更具多样性，下面给出一种子空间 Levy 分布杂交算子，其步骤如下：

步骤1 在环境t_i下，从规模为N的第k代种群$\text{pop}^k(t_i)$中随机选取μ个父代个体$x_i(i=1,2,\cdots,\mu)$．

步骤2 从μ个父代个体张成的子空间中随机生成个体$x^*=\sum_{i=1}^{\mu}k_i\cdot x_i$，其中，$\sum_{i=1}^{\mu}k_i=1$．

步骤3 对x^*进行 Levy 变异，产生其杂交后代Θ，i.e.,

$$\Theta=x^*+\lambda\zeta\sum_{i=1}^{n}L_i(\beta)\cdot e_i, \tag{3.3.1}$$

其中，$\lambda=\frac{1}{\mu}\sum_{i=1}^{\mu}\left\|x_i-\frac{1}{\mu}\sum_{j=1}^{\mu}x_j\right\|_2$，$\zeta=\exp\{\tau_1 N(0,1)+\tau_2 N(0,1)\}$，$\tau_1=\frac{1}{\sqrt{2N}}$，$\tau_2=\frac{1}{\sqrt{2\sqrt{N}}}$，$N(0,1)$ 表示均值为0，方差为1的随机正态分布．$L_i(\beta)$（$\beta=0.7$）是满足 Levy 分布的随机数，e_i 为 n 维单位向量，n 为个体 x^* 的维数．

3.3.2　带区间分割的非均匀变异算子

在传统的进化算法中，算子的作用与进化代数是没有直接关系的，因此，当算法演化到一定代数后，由于缺乏局部搜索，传统的进化算子将很难获得收益．基于此，下面给出一种带区间分割的非均匀变异算子．

在环境 t_i 下，设问题的搜索空间

$$[L,U]=\{x=(x_1,x_2,\cdots,x_n)^{\mathrm{T}}\mid l_i\leqslant x_i\leqslant u_i,i=1,2,\cdots,n\},\tag{3.3.2}$$

其中，$L=(l_1,l_2,\cdots,l_n)^{\mathrm{T}}$，$U=(u_1,u_2,\cdots,u_n)^{\mathrm{T}}$．若个体 $x=(x_1,x_2,\cdots,x_n)^{\mathrm{T}}$ 被选择参加变异，则变异的方法如下：

步骤1　把搜索空间 $[L,U]\subset\mathbb{R}^n$ 的第 s 维子区间 $[l_s,u_s]$ 分割成 n_s-1 个子区间 $[w_1^s,w_2^s]$，$[w_2^s,w_3^s]$，$\cdots$，$[w_{n_s-1}^s,w_{n_s}^s]$，其中 l_s 和 u_s 分别是个体 x 的第 s 个分量 x_s 的下界和上界，$|w_j^s-w_{j-1}^s|\leqslant\varepsilon$，$j=2,\cdots,n_s$，$w_1^s=l_s$，$w_{n_s}^s=u_s$，$s=1,2,\cdots,n$．

步骤2　对个体 x 的第 s 分量 x_s，随机产生一个数 $\alpha_s\in\{1,2,\cdots,n_s-1\}$，则 x_s 通过变异产生的后代为 $\overline{x}_s$，i.e.，

$$\overline{x}_s=\begin{cases}w_{\alpha_s}^s+\Delta(\omega,w_{\alpha_s+1}^s-w_{\alpha_s}^s), & \gamma\leqslant 0.5,\\ w_{\alpha_s+1}^s-\Delta(\omega,w_{\alpha_s+1}^s-w_{\alpha_s}^s), & \gamma>0.5,\end{cases}\tag{3.3.3}$$

其中，$\omega=1-k/K$，k 和 K 分别表示在取定环境 t_i 下算法的当前代数和设定的最大代数，$\gamma\in\mathrm{rand}(0,1)$，且

$$\Delta(\omega,y)=y\cdot(1-r^{\omega^{\lambda}}),\tag{3.3.4}$$

其中，$r\in\mathrm{rand}(0,1)$，λ 是决定非均匀变异程度的一个参数（本章取 $\lambda=0.5$）．

由式（3.3.3）知，函数 $\Delta(\omega,y)$ 将返回 $[0,y]$ 上的一个值并使这个值随着 ω 的减小而接近于0，因此，个体 x 的第 s 分量 x_s 经式（3.3.2）产生的变异后代 $\overline{x}_s\in[w_{\alpha_s}^s,w_{\alpha_s+1}^s]$，即分量 x_s 的变异后代落入选定的子区间 $[w_{\alpha_s}^s,w_{\alpha_s+1}^s]$ 内，且 $|x_s-\overline{x}_s|\leqslant\varepsilon$．个体 $x=(x_1,x_2,\cdots,x_n)^{\mathrm{T}}$ 经变异后变为 $\overline{x}=(\overline{x}_1,\overline{x}_2,\cdots,\overline{x}_n)^{\mathrm{T}}$．

3.3.3 动态多目标优化进化算法（DMEA）

步骤1 对问题的时间变量区间$[t_0,t_s]$进行等区间分割，不妨设所得的不同环境为$t_1,\cdots,t_s$，令$t=t_1$.

步骤2 环境$t_i(i=1,2,\cdots,s)$下，在搜索空间$[L,U]$上随机产生规模为N的初始种群$\text{pop}^{(0)}(t_i)$，同时把$\text{pop}^{(0)}(t_i)$中序值为1的个体存入一个临时解集$q^{(0)}(t_i)$，令$k=0$.

步骤3 以概率p_c从第k代群体$\text{pop}^{(k)}(t_i)\cup P_S(t_{i-1})$中选取$\mu$个父代执行3.3.1小节的子空间 Levy 分布杂交产生其后代，没有参与杂交的父代看成自己的后代，所有后代的集合记为$o^{(k)}(t_i)$.

步骤4 对$o^{(k)}(t_i)$中的每个个体通过变异算子 3.3.2 进行变异产生其后代，没有参与变异的父代看成自己的后代，所有后代的集合记为$\overline{o}^{(k)}(t_i)$.

步骤5 对解集$\overline{o}^{(k)}(t_i)$中的个体$x_i(i=1,\cdots,N)$按其密度大小分成两类：$A_1=\{x_i \,||\, m(x_i)|=0, i=1,\cdots,N\}$，$A_2=\{x_j \,||\, m(x_j)|>0, j=1,\cdots,N\}$. 对$A_2$中的每个个体以概率$p_c$在$A_1$中产生个体与其配对，采用启发式杂交，把杂交的后代（共$|A_1|$个）作为过渡子种群$\varphi^{(k)}(t_i)$，对$\varphi^{(k)}(t_i)$中的每个后代以概率p_m执行步骤 4 的变异操作，用变异后的个体代替其父代，这样经变异后$\varphi^{(k)}(t_i)$变为$s^{(k)}(t_i)$，同时把A_1中的个体直接复制到$s^{(k)}(t_i)$中生成新的过渡种群$\overline{s}^{(k)}(t_i)$.

步骤6 用$\text{pop}^{(k)}(t_i)\cup\overline{s}^{(k)}(t_i)\cup\overline{o}^{(k)}(t_i)$中序值等于1的个体替换$q^{(k)}(t_i)$中的个体生成新的临时解集$q^{(k+1)}(t_i)$.

步骤7 对$\text{pop}^{(k)}(t_i)\cup\overline{s}^{(k)}(t_i)\cup\overline{o}^{(k)}(t_i)$中的个体按其序值由小到大的顺序进行排列（序值相同的个体相邻排列），选取前N个个体组成环境t_i的下一代种群$\text{pop}^{(k+1)}(t_i)$，令$k=k+1$.

步骤8 如果$k=K$，令$t_i=t_{i+1}$，转步骤 2；否则，令$k=k+1$，转步骤 3.

3.4 理论分析

从以上可知，对动态无约束优化问题的连续变化时间变量区间进行等区间分割后，把其近似的转化成了许多取值在固定环境下的静态双目标优化问题，由于所得环境相互独立且有限，所以，对本章算法的收敛性，只需讨论在任意环境下收敛. 下面首先引入几个基本概念.

定义3.4.1[9] 设$\{\xi_k\}$是概率空间$\{\Omega,F,P\}$上的实值随机变量序列，若存在随机变量ξ，s.t.

$$P\{\lim_{k\to\infty}\xi_k=\xi\}=1 \tag{3.4.1}$$

成立，则称随机变量序列 $\{\xi_k\}$ 以概率1收敛到随机变量 ξ .

定义3.4.2[10]　固定环境 t_i ，称个体 x' 是从 x 通过杂交和变异可达的，若 x' 由 x 通过杂交和变异产生的概率大于0，i.e.,

$$P\{MC(x)=x'\}>0, \tag{3.4.2}$$

其中， $MC(x)$ 表示由 x 通过杂交和变异产生的点.

定义3.4.3 [10]　在固定环境 t_i 下，若

$$P\{\|MC(x)-x'\|\leqslant\varepsilon\}>0 \tag{3.4.3}$$

成立，则称个体 x' 是从 x 通过杂交和变异为 ε -精度可达的.

引理3.4.1　若一个多目标优化进化算法（MOEA）满足下面两个条件[11]：

（1）可行域中任意两点 x' 和 x， x' 是从 x 通过杂交和变异可达的.

（2）解集序列 $p^{(0)},p^{(1)},\cdots,p^{(k)},\cdots$ 是单调的，即 $\forall k$， $p^{(k+1)}$ 中任意解非劣于 $p^{(k)}$ 中的任意解或者 $p^{(k+1)}$ 包含 $p^{(k)}$ 中的任意解.

则MOEA以概率1收敛到多目标优化问题的 Pareto 最优解集 (p_{true}) ，i.e.,

$$P\{\lim_{k\to\infty}p^{(k)}=p_{\text{true}}\}=1. \tag{3.4.4}$$

推论3.4.1[12]　若将引理3.4.1中的第一个条件“可达”改为“ ε -精度可达”，则和文献[11]第2章定理4的证明完全一样，可证明多目标进化算法MOEA以概率1收敛到问题具有 ε -精度的 Pareto 最优解集，i.e.,

$$P\{\lim_{k\to\infty}\|p^{(k)}-p_{\text{true}}\|\leqslant\varepsilon\}=1. \tag{3.4.5}$$

定理3.4.1　在固定环境 t_i 下，对任意充分小的 $\varepsilon>0$ ，若问题（3.1.1）的目标函数 $f(x,t_i)$ 在搜索空间 $[L,U]\subset\mathbb{R}^n$ 上连续，则算法DMEA以概率1收敛到问题（3.1.1）具有 ε -精度的 Pareto 最优解集 $P_{\text{true}}(t_i)$ ，i.e.,

$$P\{\lim_{k\to\infty}\|q^{(k)}(t_i)-P_{\text{true}}(t_i)\|\leqslant\varepsilon\}=1. \tag{3.4.6}$$

证明　首先证明在固定环境 t_i ，算法 DMEA 对任意两点 $x',x\in[L,U]$ ， x' 是从 x 通过杂交和变异为 ε -精度可达的，即

$$P\{\|MC(x)-x'\|\leqslant\varepsilon\}>0, \tag{3.4.7}$$

其中 $MC(x)$ 是 x 通过杂交和变异产生的点. 事实上，设 $\bar{x}$ 是 x 通过杂交算子产生

的点，即 $C(x)=\overline{x}$ ，则只要证明 x' 是 $\overline{x}$ 通过变异算子为 ε-精度可达的即可，也就是满足

$$P\{\|M(\overline{x})-x'\|\leqslant\varepsilon\}>0. \tag{3.4.8}$$

事实上，对 x' 的任意一个分量 $x_i(i=1,\cdots,n)$ ，不妨设 $x_i\in[\omega_{k_i}^i,\omega_{k_i+1}^i]$ $(1\leqslant k_i\leqslant n_i-1)$，由算法 DMEA 所采用的变异算子3.3.2的步骤2知，对 $\overline{x}$ 的第 i 个分量 $\overline{x}_i$ 进行变异，产生的后代 $\overline{x}_i$ 落入选定的子区间 $[\omega_{k_i}^i,\omega_{k_i+1}^i]$ 的概率是 $\dfrac{1}{n_i-1}$ （n_i-1 是按照变异算子3.3.2的步骤1对搜索空间 $[L,U]$ 的第 i 维子区间分割得到的子区间个数）. 又因为 $|\omega_{k_i+1}^i-\omega_{k_i}^i|\leqslant\varepsilon$，故 $|\overline{x}_i-x_i|\leqslant\varepsilon$ 一定成立，于是 $\overline{x}$ 的第 i 个分量 $\overline{x}_i$ 经变异产生的后代 $\overline{x}_i$ 满足 $|\overline{x}_i-x_i|\leqslant\varepsilon$ 的概率与 $\overline{x}_i$ 落入子区间 $[\omega_{k_i}^i,\omega_{k_i+1}^i]$ 的概率相同，即为 $\dfrac{1}{n_i-1}>0$. 又因为变异时点 $\overline{x}$ 的各分量是独立进行的，所以

$$P\{\|M(\overline{x})-x'\|\leqslant\varepsilon\}=\frac{1}{n_1-1}\cdot\frac{1}{n_2-1}\cdot\cdots\cdot\frac{1}{n_n-1}=\prod_{i=1}^{n}\frac{1}{n_i-1}>0. \tag{3.4.9}$$

故 x' 是由 x 通过杂交和变异为 ε-精度可达的.

由 DMEA 的步骤6对临时解集产生的方法知，在环境 t_i 下，$\forall k$，DMEA 产生的临时解集 $q^{(k+1)}(t_i)$ 中的任意解非劣于 $q^{(k)}(t_i)$ 中的任意解，或改进了 $q^{(k)}(t_i)$ 中的解（至少不差于 $q^{(k)}(t_i)$ 中的解），由此可知，算法 DMEA 产生的临时解集序列 $\{q^{(k)}(t_i)\}$ 是单调的趋于问题（3.3.1）的 Pareto 最优解集.

在时刻 t_i ，对充分小的 $\varepsilon>0$ ，令

$$P_{\text{true}}^{\varepsilon}(t_i)=\{x\,|\,\|x-x^*\|\leqslant\varepsilon,x^*\in P_{\text{true}}(t_i)\}, \tag{3.4.10}$$

其中，$P_{\text{true}}(t_i)$ 为优化问题（3.3.1）在时刻 t_i 时的 Pareto 最优解集，因为 $f(x,t_i)$ 在 $[L,U]$ 上连续，故 $\forall x\notin P_{\text{true}}^{\varepsilon}(t_i)$ ，$\exists y\in P_{\text{true}}^{\varepsilon}(t_i)$ ，使得 $f(y,t_i)\prec f(x,t_i)$. 又算法 DMEA 在时刻 t_i 产生的临时解集序列 $\{q^{(k)}(t_i)\}$ 可以看成是具有两个状态的马尔可夫链.

状态1：序列 $\{q^{(k)}(t_i)\}$ 满足，$\forall x^k\in q^{(k)}(t_i),\exists x^*\in P_{\text{true}}(t_i)$ ，s.t. $\|x^k-x^*\|\leqslant\varepsilon$ ；

状态2：序列 $q^{(k)}(t_i)$ 不满足状态1的条件.

由序列 $\{q^{(k)}(t_i)\}$ 的单调性知，从状态1转到状态2的概率为0，因此状态1为吸收态. 由两点的 ε-精度可达性知，从状态2转移到状态1的概率大于0，因此状态2为瞬时态，故由马尔可夫链理论[13]知

$$P\{\lim_{k\to\infty}\|q^{(k)}(t_i)-P_{\text{true}}(t_i)\|\leqslant\varepsilon\}=1 \tag{3.4.11}$$

成立，即算法 DMEA 以概率1收敛到问题（3.1.1）具有 ε-精度的 Pareto 最优解集 $P_{\text{true}}(t_i)$.

3.5 实验结果

本节在Intel Pentium IV 2.8-GHz电脑上利用 Matlab7.0 编程对算法的性能进行仿真.

3.5.1 测试函数

下面选用4个动态多目标测试函数对 DMEA 的性能进行测试，其中 DMT1 是采用文献[11]中 $f_2 - f_1$ 函数构造的. DMT2，DMT3分别是与文献[1,8]中测试问题 FDA2和FDA3相似的两个动态多目标优化函数，其主要不同之处在于把其时间变量升级为取值于连续时间区间[0,1]，DMT4是直接选自文献[7].

测试函数DMT1：

$$\begin{cases} \min f(x,t) = (f_1(x,t), f_2(x,t)), \\ \text{s.t.} \quad f_1(x,t) = (t+\varepsilon)\cdot \sin\left(\dfrac{\pi}{2}\cdot x_1\right), \\ f_2(x,t) = (1-t+\varepsilon)\cdot \dfrac{\left(1-\exp\left(-\dfrac{(x_2-0.1)^2}{0.0001}\right)\right)+\left(1-0.5\cdot\exp\left(-\dfrac{(x_2-0.8)^2}{0.8}\right)\right)}{\arctan(100\cdot x_1)}, \\ x_1, x_2 \in [0,1], \quad t\in[0,1], \end{cases}$$

其中，ε 是大于0的任意正数，该函数的 Pareto 最优解集 $P_S(t)\in \mathbb{R}$ 不随时间（环境）变化，但其 Pareto 前沿面 $P_F(t)\in \mathbb{R}^2$ 随时间发生改变.

测试函数DMT2：

$$\begin{cases} \min f(x,t) = (f_1(x_{\mathrm{I}},t), g(x_{\mathrm{II}},t)\cdot h(x_{\mathrm{III}}, f_1(x_{\mathrm{I}},t), g(x_{\mathrm{II}},t),t)), \\ \text{s.t.} \ f_1(x_{\mathrm{I}},t) = x_1, g(x_{\mathrm{II}},t) = 1+\sum\limits_{x_i\in x_{\mathrm{II}}} x_i^2, \\ h(x_{\mathrm{III}}, f_1, g, t) = 1-\left(\dfrac{f_1}{g}\right)^{(H(t)+\sum_{x_i\in x_{\mathrm{III}}}(x_i-H(t))^2)^{-1}}, \\ H(t) = 0.75+0.7\sin(0.5\pi t), \quad x=(x_{\mathrm{I}}, x_{\mathrm{II}}, x_{\mathrm{III}}), \quad x_{\mathrm{I}}=(x_1)\in[0,1], \\ x_{\mathrm{II}}=(x_2,\cdots,x_{16})\in[-1,1], \quad x_{\mathrm{III}}=(x_{17},\cdots,x_{32})\in[-1,1], \quad t\in[0,1]. \end{cases}$$

对于此函数，其 Pareto 最优解集 $P_S(t)\in \mathbb{R}^{32}$ 不随时间（环境）变化，而 Pareto 前沿面 $P_F(t)\in \mathbb{R}^2$ 随时间发生改变，且随着函数 $H(t)$ 的变化，$P_F(t)$ 的形状由凸形逐渐变为凹形.

测试函数DMT3：

$$\begin{cases}\min f(x,t)=(f_1(x_{\rm I},t),g(x_{\rm II},t)\cdot h(f_1(x_{\rm I},t),g(x_{\rm II},t),t)),\\ \text{s.t.}\quad f_1(x_{\rm I},t)=\sum\limits_{x_i\in x_{\rm I}} x_i^{H(t)},\quad g(x_{\rm II},t)=1+G(t)+\sum\limits_{x_i\in x_{\rm II}}(x_i-G(t))^2,\\ \qquad h(f_1,g,t)=1-\sqrt{\dfrac{f_1}{g}},\quad G(t)=|\sin(0.5\pi t)|,\\ \qquad H(t)=10^{(2\sin(0.5\pi t))},\quad x_{\rm I}=(x_1,x_2,x_3,x_4,x_5)\in[0,1],\\ \qquad x_{\rm II}=(x_6,\cdots,x_{30})\in[-1,1],\quad t\in[0,1].\end{cases}$$

该函数的 Pareto 最优解集 $P_S(t)$ 和 Pareto 前沿面 $P_F(t)$ 随函数 $G(t)$ 的变化均发生改变，且其 Pareto 前沿面 $P_F(t)$ 上解的密度随着时间的变化发生变化.

测试函数DMT4：

$$\begin{cases}\min f(x,t)=(f_1(x,t),f_2(x,t)),\\ \text{s.t.}\quad f_1(x,t)=t(x_1^2+(x_2-1)^2)+(1-t)(x_1^2+(x_2+1)^2+1),\\ \qquad f_2(x,t)=t(x_1^2+(x_2-1)^2)+(1-t)((x_1-1)^2+(x_2^2+2)),\\ \qquad -2\leqslant x_1,x_2\leqslant 2,\quad t\in[0,1].\end{cases}$$

该函数是Jin Yaochu等[7] 构造的一个动态多目标优化测试函数，且当 $0\leqslant t\leqslant 1$ 时，该问题的 Pareto 前沿面 $P_F(t)\in\mathbb{R}^2$ 随时间发生改变.

3.5.2 测试结果与分析

记本文算法为DMEA，用于比较的两种算法分别为DFGA[5]，DCGA[8]. 在计算中，参数选择如下，种群规模 $N=200$，外部存储器规模取为80，杂交概率 $p_c=0.8$，变异概率 $p_m=0.1$，参数 $\mu=10$，$\varepsilon=0.1$. 对DMT1~DMT4的时间变量区间[0,1]采用等距分割法将其分成4个相等的子区间，在每个子区间上分别取定时刻（环境）点 $t=0.25,0.5,0.75,1.00$.

对每一个测试函数，用算法DFGA，DCGA及本文算法DMEA分别在取定的环境 $t=0.25,0.5,0.75,1.00$ 下独立运行30次，记录其中一次典型运行所得的 Pareto 最优解，把其绘成目标空间中的 Pareto 前沿面（图3.5.1~3.5.4）. 同时，利用两个性能度量指标函数 C-measure和 U-measure对算法的性能进行定量评价. 为了方便，这里记两个算法 $i(i=1,2,3)$ 和 $j(j=1,2,3)$ 对同一个问题分别求得的Pareto最优解集 A_i 和 B_j 的 C-measure为 $C(A_i,B_j)$.

图3.5.5~3.5.8分别给出了三种算法在不同环境求得的每个测试函数的Pareto最优解的 C-measure值，其中，自然数1, 2, 3分别表示算法DFGA, DCGA及本文算法

DMEA. 图3.5.9给出了三种算法在不同环境求得的每个测试函数的Pareto最优解的 U -measure值.

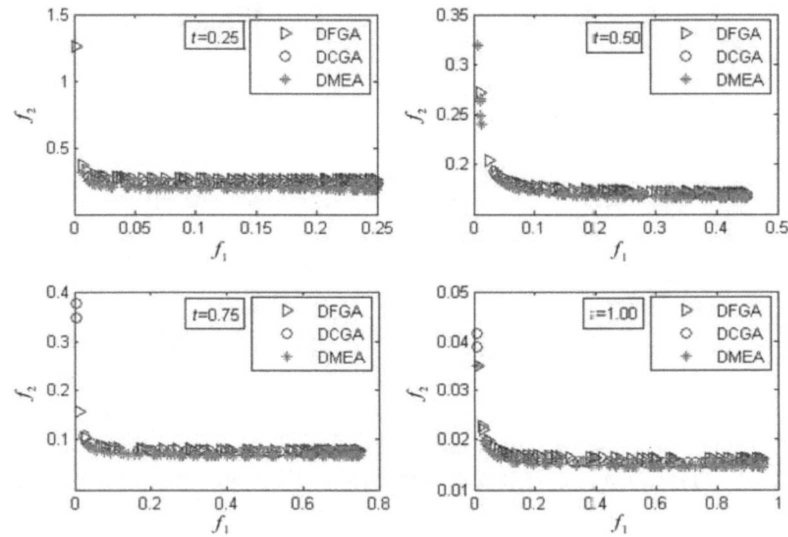

图 3.5.1　算法DFGA, DCGA和DMEA对DMT1在不同环境 t 求出的Pareto前沿面

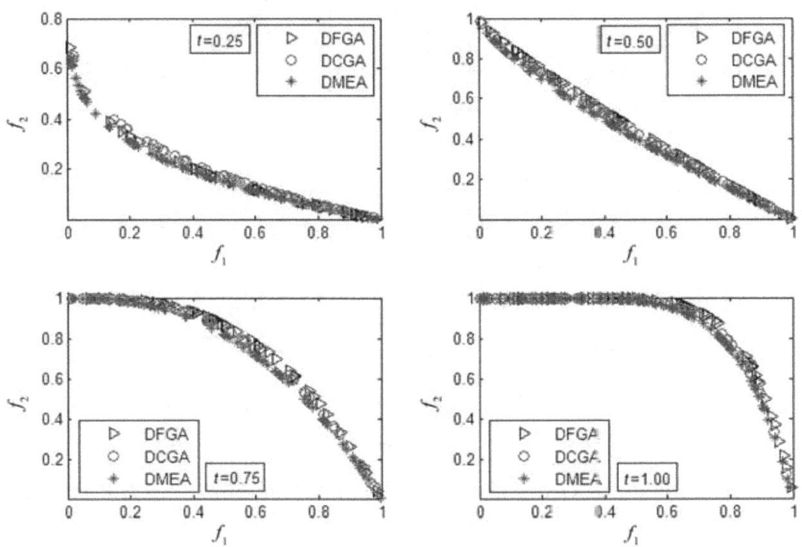

图 3.5.2　算法DFGA, DCGA和DMEA对DMT2在不同环境 t 求出的Pareto前沿面

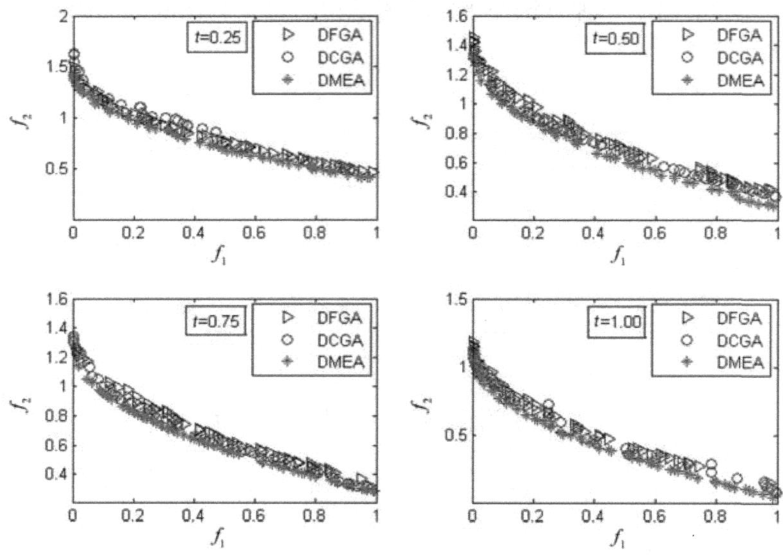

图 3.5.3 算法DFGA, DCGA和DMEA对DMT3在不同环境 t 求出的Pareto前沿面

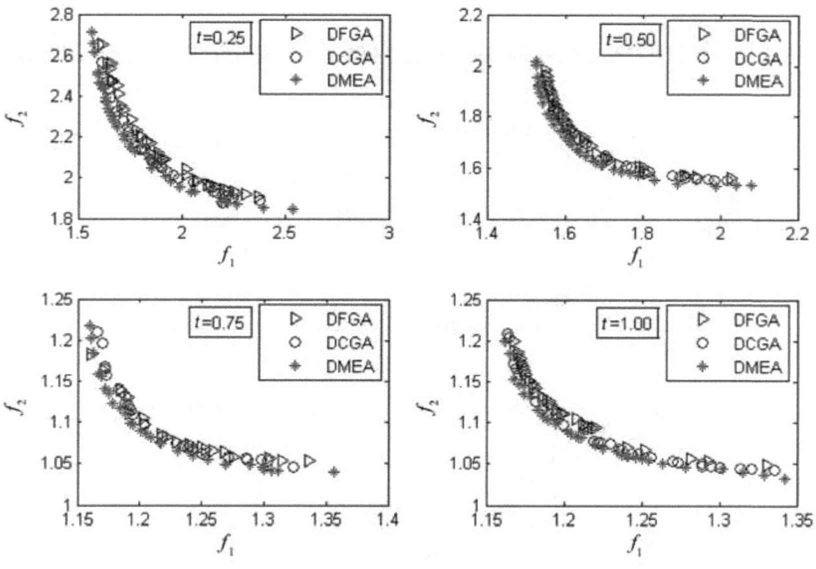

图 3.5.4 算法 DFGA, DCGA 和 DMEA 对 DMT4 在不同环境 t 求出的 Pareto 前沿面

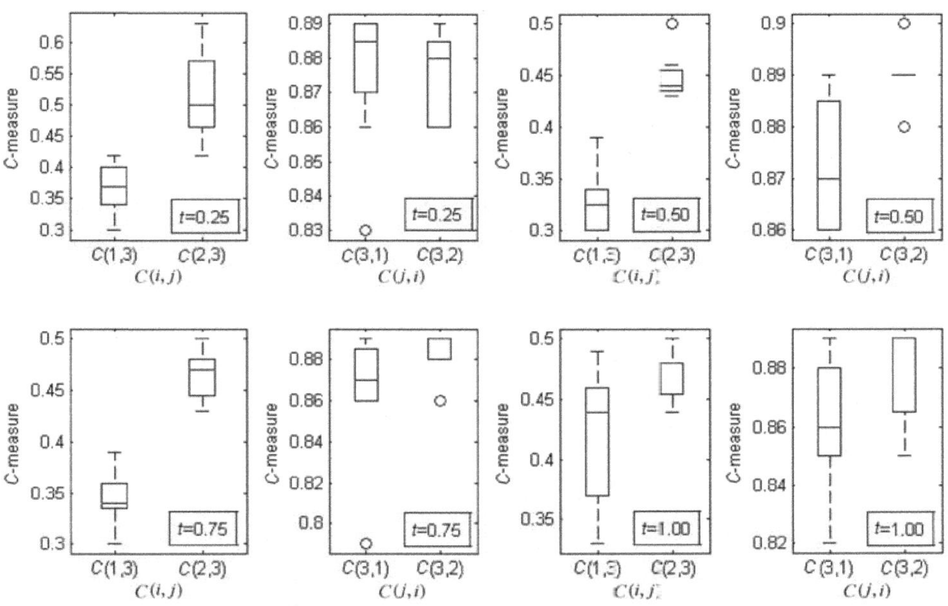

图 3.5.5　算法 i, j 对DMT1在不同环境 t 所得 C - measure值($C(i, j)$ 表示 $C(A_i, B_j)$)

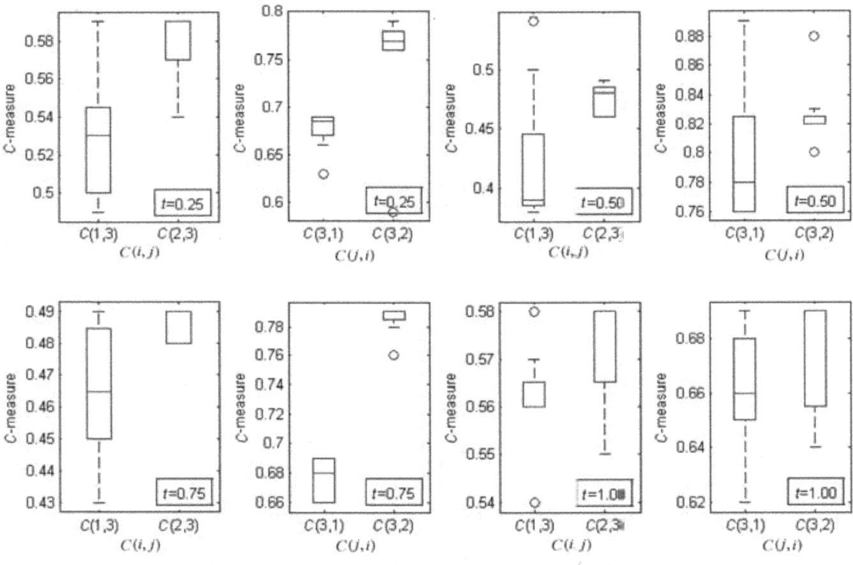

图 3.5.6　算法 i, j 对DMT2在不同环境 t 所得 C - measure值($C(i, j)$ 表示 $C(A_i, B_j)$)

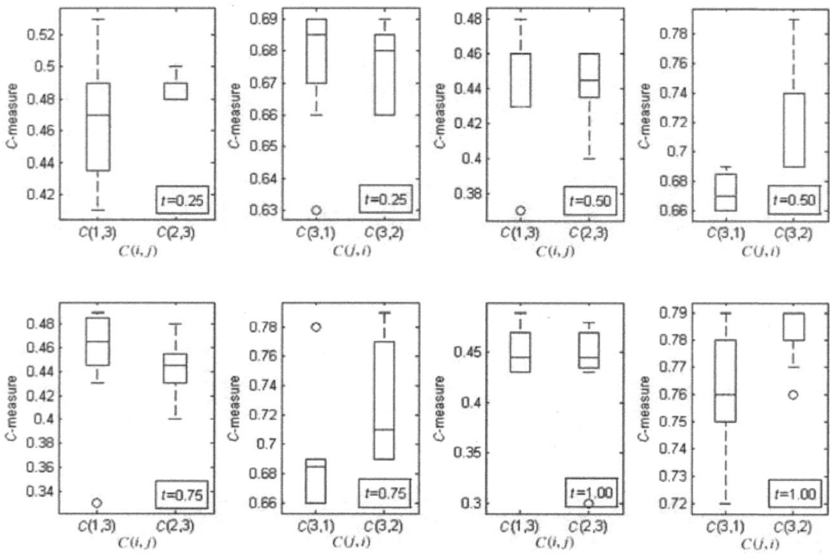

图 3.5.7 算法 i, j 对DMT3在不同环境 t 所得 C - measure值($C(i, j)$ 表示 $C(A_i, B_j)$)

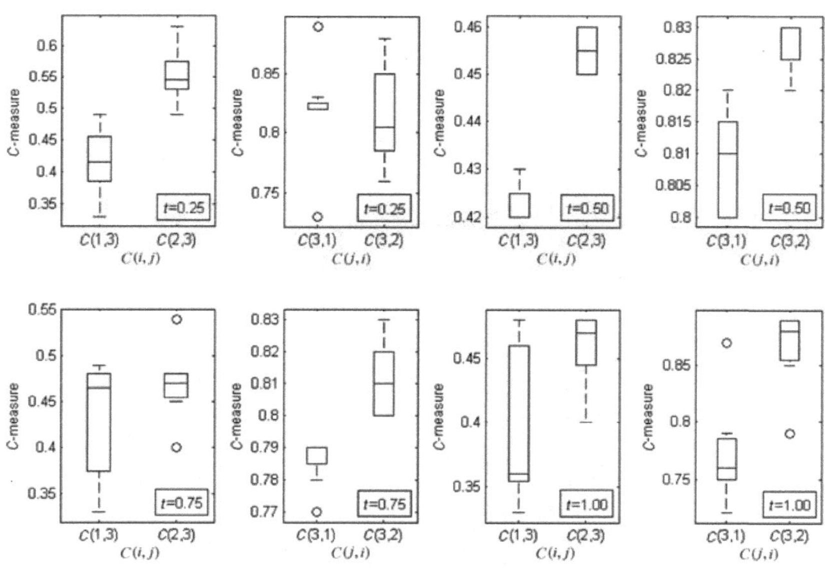

图 3.5.8 算法 i, j 对DMT4在不同环境 t 所得 C - measure值($C(i, j)$ 表示 $C(A_i, B_j)$)

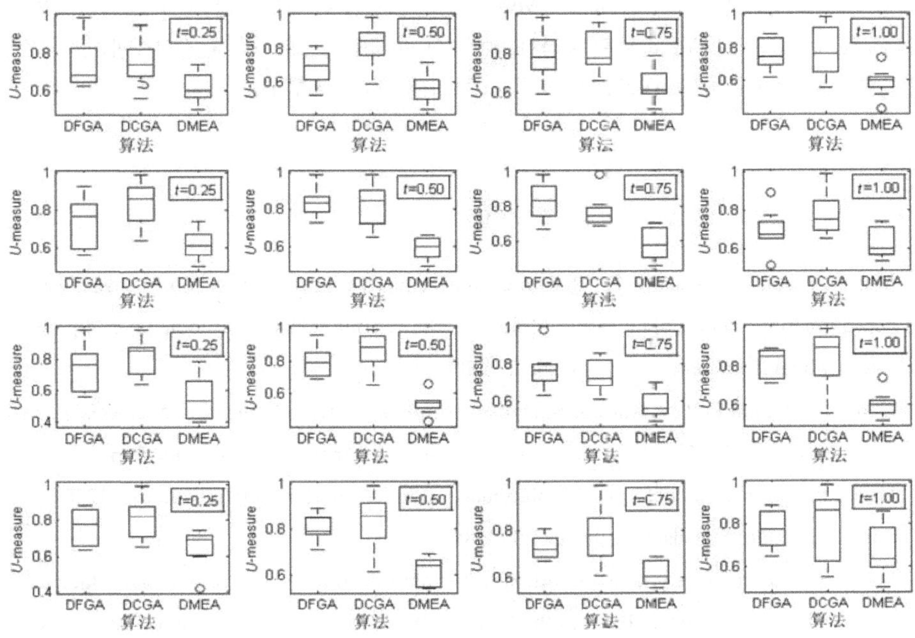

图 3.5.9　算法DFGA, DCGA和DMEA在不同环境 t 所得 U - measure值，其中第 i 行表示三种算法对第 i 个问题DMT $i(i=1,\cdots,4)$ 在不同环境 t 所得 U - measure值

从图3.5.1~ 3.5.4可以看出，本文算法对不同测试函数在固定环境下求得的 Pareto 前沿面位于其他两种比较算法所得的 Pareto 前沿面的左下方，且其上的 Pareto 最优解数量较多，分布较均匀.

从图3.5.5和图3.5.8所给的C- measure 统计结果可知，$C(3,i)>C(i,3)\ (i=1,2)$，这表明，算法 DMEA 对不同测试函数在固定环境下求得的 Pareto 最优解的质量比其他两种比较算法所得的结果要好.

从图3.5.9 统计的U–measure 结果知，算法 DMEA 对不同测试函数在固定环境下求得的 Pareto 最优解的U–measure值比其他两种算法求得的结果小，这表明算法 DMEA 对不同函数在固定环境下求得的 Pareto 最优解在 Pareto 前沿面上的分布比其他两种比较算法所得问题的 Pareto 最优解的分布均匀、宽广.

3.6 本 章 小 结

本章建立了随时间连续缓慢变化的动态无约束多目标优化问题（DUMOP）的一种静态离散优化模型，该模型将DUMOP的时间变量区间进行了等间隔离散化，在得到的每个子区间上把DUMOP近似为静态多目标优化问题. 为了提高算法的有效性，进一步将每个静态多目标优化问题转化成双目标优化问题，在一种新的杂交算子和变异算子下，提出了一种求解的进化算法.

参考文献

[1] Marco F,Deb K, Amato P. Dynamic multiobjective optimization problems: Test cases, approximation, and applications. Proc. of the Evolutionary Multiobjective Optimization International Conference, Faro, Portugal, 2003: 311-326.

[2] Deb K, Bhaskara U R N, Karthik S. Dynamic multiobjective optimization and decision-making using modified NSGA-II: A case on hydro-thermal power scheduling. Proc. of the 4th International Conference on Evolutionary Multi-Criterion Optimization, LNCS 4403, Springer-Verlag, Matsushima, Japan, 2007: 803-817.

[3] Iason H, David W. Dynamic multiobjective optimization with evolutionary algorithms: A forward-looking approach. Proc. of the GECCO'06, Washington, USA, 2006: 1201-1208.

[4] Zhang Z H. Multiobjective optimization immune algorithm in dynamic environments and its application to greenhouse control. Applied Soft Computing 8, 2008: 959-971.

[5] Amato P, Farina M. An Life-Inspired Evolutionary Algorithm for Dynamic Multiobjective Optimization Problems.Advances in Soft Computing 1,2005:113-125.

[6] Bingul Z, Sekmen A, Zein-Sabatto S. Adaptive genetic algorithms applied to dynamic multi-objective problems. // Proceedings of the Artificial Neural Networks in Engineering Conference (ANNIE'2000), Cihan H D, Anna L B, Joydeep G et al (Eds.). New York, ASME Press, 2000: 273-278.

[7] Jin Y C. Sendhoff B. Constructing dynamic optimization test problems using the multiobjective optimization concept. Proc. of the Evolutionary Workshops 2004, LNCS 3005, Springer-Verlag, Heidelberg, Germany, 2004: 525-536.

[8] Farina M, Deb K, Amato P. Dynamic multi-objective optimization problems: Test cases, approximation, and applications. IEEE Transactions on Evolutionary Computation, 2004, 8(5): 311-326.

[9] 盛骤, 谢式千, 潘承毅. 概率论与数理统计(第二版). 北京: 高等教育出版社, 2002.

[10] 王宇平, 焦永昌, 张福顺. 解无约束非线性全局优化的一种新进化算法及其敛性.电子学报, 2002, 30(12): 1867-1869.

[11] Van Veldhuizen D A. Multiobjective evolutionary algorithms: Classification, analysis, and new

innovations. Doctoral Dissertation, Graduate School of Engineering of the Air Force Institute of Technology, WPAFB, OH, USA, August, 1999: 22-24.

[12] 王宇平，焦永昌，张福顺. 解多目标优化的均匀正交遗传算法. 系统工程学报, 2003, 18(6): 481-86.

[13] Allen A O. Probability, statistics and queuing theory with computer science applications, 2nd Edition. Boston, MA: Academic Press, INC, 1990.

第 4 章　动态约束多目标优化进化算法

第3章针对目标函数随时间连续变化的动态无约束多目标优化问题给出了一种求解的进化算法．然而，在现实世界存在着大量的动态约束多目标优化问题（dynamic constrained multiobjective optimization problems，DCMOP），需要同时对动态约束的几个相互冲突的动态目标进行优化[1~5]．目前对该问题的研究比较少，见到的理论成果还不多．本章对动态约束多目标优化问题建立了一种动态双目标优化模型，同时在对进化算子的合理设计下给出了求解的进化算法．最后通过计算机仿真对算法的性能进行了测试．

4.1　问题及相关概念

考虑一般动态约束多目标优化问题

$$\begin{cases} \min f(x,t) = (f_1(x,t), f_2(x,t), \cdots, f_m(x,t)), \\ \text{s.t.} \quad g_i(x,t) \leqslant 0, \quad i = 1,2,\cdots,p, \\ h_j(x,t) = 0, \quad j = 1,2,\cdots,q, \\ x \in \Omega(t) \subseteq [L,U]_t, \quad t \in [a,b], \end{cases} \tag{4.1.1}$$

其中，$t \in \mathbb{R}$ 是时间变量，$x = (x_1, x_2, \cdots, x_n)^{\mathrm{T}} \in \mathbb{R}^n$ 是 n 维决策向量，$g_i(x,t) \leqslant 0 (i = 1,\cdots,p)$，$h_j(x,t) = 0 \quad (j = 1,\cdots,q)$ 是依赖 t 的约束条件，$f_i(x,t) \quad (i = 1,2,\cdots,m)$ 为依赖 t 的 m 个动态子目标函数．特别的，当 $m = 1$ 时，问题（4.1.1）变为动态单目标约束优化问题．由约束条件确定的决策变量的取值范围

$$\Omega(t) = \{x \mid g_i(x,t) \leqslant 0, h_j(x,t) = 0, i = 1,\cdots,p, j = 1,\cdots,q\}, \tag{4.1.2}$$

称为决策向量空间（可行域），$f(x,t): \mathbb{R}^n \times \mathbb{R} \to \mathbb{R}^m$ 是目标向量函数，$[L,U]_t \subset \mathbb{R}^n$，且称

$$[L,U]_t = \{x = (x_1, x_2, \cdots, x_n)^{\mathrm{T}} \mid l_i(t) \leqslant x_i \leqslant u_i(t), i = 1,2,\cdots,n\} \tag{4.1.3}$$

是搜索空间，$L = (l_1(t), l_2(t), \cdots, l_n(t))^{\mathrm{T}}$，$U = (u_1(t), u_2(t), \cdots, u_n(t))^{\mathrm{T}}$．

在式（4.1.1）中，$h_j(x,t) = 0$ 是第 j 个等式约束，一般而言，对于等式约束

$h_j(x,t)=0$，通过容许误差（也称容忍度）$\delta>0$ 可将其转化为两个不等式约束，

$$\begin{cases} h_j(x,t)-\delta \leqslant 0, \\ -h_j(x,t)-\delta \leqslant 0. \end{cases} \tag{4.1.4}$$

因此，本章只考虑带不等式约束的动态多目标优化问题（DCMOP）

$$\begin{cases} \min f(x,t)=(f_1(x,t),f_2(x,t),\cdots,f_m(x,t)), \\ \text{s.t.} \quad g_i(x,t)\leqslant 0, \quad i=1,2,\cdots,p, \\ x\in\Omega(t)\subseteq[L,U]_t, \quad t\in[a,b]. \end{cases} \tag{4.1.5}$$

定义4.1.1　在时刻 t，解 $x\in\Omega(t)$ 称为优化问题（4.1.5）的 Pareto 最优解，当且仅当不存在解 $y\in\Omega(t)$，使得 $f(y,t)\prec f(x,t)$.

定义4.1.2（Pareto front的端点集）　在固定时刻 t，设点 $U_k(t)=(u_1^k(t), u_2^k(t),\cdots,u_j^k(t),\cdots,u_m^k(t))^{\mathrm{T}}\in\mathbb{R}^m$ $(k=1,\cdots,m)$，这里

$$u_j^k(t)=\begin{cases} \min\limits_{x\in[L,U]_t} f_s(x,t), & k=j=s, j,s=1,2,\cdots,m, \\ \max\limits_{x\in[L,U]_t} f_s(x,t), & k\neq j=s, j,s=1,2,\cdots,m, \end{cases} \tag{4.1.6}$$

则称点 $U_k(t)$ 为问题（4.1.5）的一个Pareto front端点．当 k 遍历目标个数集 $\{1,2,\cdots,m\}$ 时，得到的所有端点称为问题（4.1.5）的Pareto front端点集.

4.2　动态双目标优化模型

本节利用定义的广义解序值方差函数和广义解密度方差函数把 DCMOP 转化成了动态双目标优化问题（DCBOP）.

4.2.1　广义解序值方差函数

对优化问题（4.1.5），在其时间变量区间 $[a,b]$ 中任意插入若干个分点 $a=t_0<t_1<t_2<\cdots<t_{n-1}<t_n=b$，把区间 $[a,b]$ 分成 n 个小区间 $[t_{i-1},t_i]$, $i=1, 2, \cdots, n$，记 $\Delta t_i=t_i-t_{i-1}(i=1,2,\cdots,n)$．在时刻 $\xi_i\in[t_{i-1},t_i]$，设第 k 代种群 $\mathrm{pop}^k(\xi_i)=\{x_1, x_2,\cdots,x_N\}$，对于任意个体 $x\in\mathrm{pop}^k(\xi_i)$，$n(x)$ 是种群 $\mathrm{pop}^k(\xi_i)$ 中非劣于个体 x 的所有个体的个数，则称 $r(x)=1+n(x)$ 为个体 x 的序值. 易知，当 $r(x)\to 1$ 时，个体 x 对应于目标空间 $\mathbb{R}^m$ 中的解向量趋近于问题的 Pareto 前沿面，故当第 k 代种群 $\mathrm{pop}^k(\xi_i)$ 中所有个体的序值趋于1时，这些个体通过目标函数映射到目标空间 $\mathbb{R}^m$

中的像越逼近于问题的 Pareto 前沿面. 因此，1可以看做是个体序值的理想均值，当 Δt_i 充分小时，定义

$$r_{\xi_i}(x)=\sqrt{\frac{1}{N}\sum_{\tau=1}^{N}(1-r(x_\tau))^2} \tag{4.2.1}$$

为种群 $\text{pop}^k(\xi_i)$ 在子区间 $[t_{i-1},t_i]$ 上的序值方差. 若记 $\lambda=\max\{\Delta t_1,\Delta t_2,\cdots,\Delta t_n\}$，无论对区间 $[a,b]$ 如何划分，也无论在 $[t_{i-1},t_i]$ 上对点 ξ_i 怎样选取，当 $\lambda\to 0$ 时，定义 $\bigcup_{i=1}^{n} r_{\xi_i}(x)$ 为时间区间 $[a,b]$ 上所得解的广义序值方差函数，记作 $E_{t\in[a.b]}(r_t(x))$. 从 $E_{t\in[a.b]}(r_t(x))$ 的定义知，其值越趋于零，所得问题（4.1.5）的 Pareto 最优解的质量越好.

4.2.2　广义解密度方差函数

对上节4.2.1的每个小区间 $[t_{i-1},\ t_i](i=1,\cdots,\ n)$，设时刻 $\xi_i\in[t_{i-1},t_i]$ 下的第 k 代种群 $\text{pop}^k(\xi_i)$ 由 N 个个体 $x_1,x_2,\cdots,x_N$ 构成，且其对应目标空间□^{m} 中的解向量分别为 $U_1,U_2,\cdots,U_N$；$U_{N+1}, U_{N+2},\cdots,U_{N+m}$ 是时刻 ξ_i 下目标空间□^{m} 中的 m 个Pareto front端点. $\forall\tau\in\{1,2,\cdots,N+m\}$，令

$$D_\tau=\min\{\|(U_\tau,U_j)\|_2,\quad j\neq\tau, j=1,\cdots,(N+m)\}, \tag{4.2.2}$$

$$\overline{D}=\frac{1}{N+m}\sum_{\tau=1}^{N+m}D_\tau, \tag{4.2.3}$$

记 $Q=\{U_1,U_2,\cdots,U_N\}$，对任意解向量 $U_s\in Q$，$s=1,\cdots,\ N$，称 $|m(x_s)|$ 为 U_s 在时刻 ξ_i 下对应于搜索空间 $[L,U]_{\xi_i}$ 中的个体 x_s 的密度，记作 $\rho(x_s)$，其中

$$m(x_s)=\{j\,|\,\|U_s-U_j\|_2\leqslant\overline{D}, j=1,\cdots,\ s-1,s+1,\cdots,\ N+m\}. \tag{4.2.4}$$

若令 $\overline{\rho}(x)=\frac{1}{N}\sum_{s=1}^{N}\rho(x_s)$，当 Δt_i 充分小时，定义

$$\rho_{\xi_i}(x)=\sqrt{\frac{1}{N}\sum_{s=1}^{N}(\rho(x_s)-\overline{\rho}(x))^2}, \tag{4.2.5}$$

为种群 $\text{pop}^k(\xi_i)$ 在时间小区间 $[t_{i-1},t_i]$ 上对应□^{m} 中的解向量 $U_1,U_2,\cdots,U_N$ 的密度方差. 记 $\lambda=\max\{\Delta t_1,\Delta t_2,\cdots,\Delta t_n\}$，无论对区间 $[a,b]$ 如何划分，也无论在 $[t_{i-1},t_i]$ 上对

时刻 ξ_i 怎样选取，当 $\lambda \to 0$ 时，定义 $\bigcup_{i=1}^{n} \rho_{\xi_i}(x)$ 为 $[a,b]$ 上所得种群对应于 $\mathbb{R}^m$ 中的解的广义密度方差函数，记作 $E_{t\in[a,b]}(\rho_t(x))$．从 $E_{t\in[a,b]}(\rho_t(x))$ 定义可知，其值越趋于零，表示所得问题（4.1.5）的 Pareto 最优解的均匀性越好．

4.2.3 问题的转化

从 $E_{t\in[a.b]}(r_t(x))$ 和 $E_{t\in[a,b]}(\rho_t(x))$ 的定义知，如果将其作为两个要优化的目标函数，那么问题（4.1.5）可以转化为下列动态双目标优化问题（DCBOP）

$$
\begin{cases}
\min\{E_{t\in[a.b]}(r_t(x)), E_{t\in[a,b]}(\rho_t(x))\}, \\
\text{s.t.} \quad g_i(x) \leqslant 0, \quad i=1,2,\cdots,p, \\
x \in \Omega(t) \subseteq [L,U]_t,
\end{cases}
\tag{4.2.6}
$$

其中，$t\in[a,b]\subset\mathbb{R}$ 是时间变量，$x=(x_1,x_2,\cdots,x_n)^{\mathrm{T}}\in\mathbb{R}^n$ 是 n 维决策向量，$g_i(x,t)\leqslant 0$ $(i=1,2,\cdots,p)$ 是依赖 t 的 p 个约束条件，由约束条件确定的决策变量的取值范围

$$
\Omega(t)=\{x \mid g_i(x,t)\leqslant 0, i=1,2,\cdots,p\},
\tag{4.2.7}
$$

称为可行域，$[L,U]_t\subset\mathbb{R}^n$ 是搜索空间，且

$$
[L,U]_t=\{x=(x_1,x_2,\cdots,x_n)^{\mathrm{T}} \mid l_i(t)\leqslant x_i \leqslant u_i(t), i=1,2,\cdots,n\},
\tag{4.2.8}
$$

其中，$l_i(t)$，$u_i(t)$ 分别是 x_i $(i=1,2,\cdots,n)$ 的下界和上界．

对于问题（4.2.6），两个目标函数 $E_{t\in[a.b]}(r_t(x))$，$E_{t\in[a,b]}(\rho_t(x))$ 分别表示时间区间 $[a,b]$ 上所得解的广义序值方差和对应于目标空间中的解的广义密度分布方差，因此，对问题（4.2.6）的极小化，实质上是对在 $[a,b]$ 区间上连续分布的时刻点处所得种群的序值方差及种群对应于目标空间中的解的密度方差构成的一族双目标极小化问题的 Pareto 最优解的连续叠加．

对于问题（4.2.6），若其有效解集为 $S_{t\in[a,b]}(t)$，弱有效解集为 $S^{\omega}_{t\in[a,b]}(t)$，则问题（4.2.6）与（4.1.5）的解之间有如下关系．

定理4.2.1 解集 $S^*_{t\in[a,b]}(t)$ 是问题（4.1.5）的Pareto最优解集的充分必要条件是 $S^*_{t\in[a,b]}(t)\subset(\Omega(t)\cap S^{\omega}_{t\in[a,b]}(t))$，且对于 $S^*_{t\in[a,b]}(t)$，$E_{t\in[a,b]}(r_t(x))\to 0$．

证明 充分性．显然成立．

必要性．因为 $S^*_{t\in[a,b]}(t)$ 是问题（4.1.5）的Pareto最优解集，所以 $S^*_{t\in[a,b]}(t)\subset\Omega(t)$ 且 $S^*_{t\in[a,b]}(t)$ 中每个解的序值应达到1．因此，$\forall t\in[a,b]$，解集 $S^*_{t\in[a,b]}(t)$ 的

序值方差 $r_t(x)$ 达到最小，即 $E_{t\in[a,b]}(r_t(x))\to 0$．因此，$S^*_{t\in[a,b]}(t)$ 中的每个解也是问题(4.1.5)的解，即 $S^*_{t\in[a,b]}(t)\subset(\Omega(t)\cap S^{\omega}_{t\in[a,b]}(t))$．必要性成立．

4.3 动态约束多目标优化进化算法

下面针对上述建立的动态双目标优化模型（4.2.6）设计一种新的求解进化算法，首先给出几个重要的进化算子．

4.3.1 选择算子

在时刻 t，$\forall x\in[L,U]_t$，定义其适应度为

$$\text{Fit}(x)=\omega_1\rho(x)+\omega_2 r(x),\tag{4.3.1}$$

其中，$\rho(x)$，$r(x)$ 分别是个体 x 的密度及其序值．

情形1 若被选群体中所含问题（4.2.6）的可行解的数目已超过种群规模 N，在式（4.3.1）中，令 $\omega_2=0$，$\omega_1=1$，此时对可行解按其适应度从小到大进行排序，选取前 N 个个体作为下一代种群．

情形2 若被选群体中所含问题（4.2.6）的可行解的数目为 λ，$0\leqslant\lambda<N$，则保留这些可行解，在式（4.3.1）中，令 $\omega_2=1$，$\omega_1=0$，计算剩余个体的适应度值并按从小到大进行排序，选取前 $N-\lambda$ 个个体与已有的可行解组成下一代种群．

4.3.2 杂交算子

定义4.3.1 在时刻 t，设 r_t^k 为第 k 代种群的序值方差，$r_t^{\max}=\max\{r_t^{\tau}$，$\tau=1,2,\cdots,k\}$ 是从第一代到第 k 代为止所得种群的最大序值方差，则称 $\zeta=\frac{r_t^k}{r_t^{\max}}$ 为时刻 t 下第 k 代种群的优劣度指标．

从 ζ 的定义可以看出，在种群进化初期，ζ 的值接近于1，此时种群质量较差，随着进化代数的增加，ζ 的值逼近于0，此时算法获得的解逼近于问题的Pareto前沿面．因此，ζ 可以用来评价第 k 代解的优劣程度．

利用上述定义的种群优劣度指标，下面给出一种随代数自适应变化的杂交算子．设以概率 p_c 选择两个父代个体 $x=(x_1,x_2,\cdots,x_n)^{\mathrm{T}}$，$y=(y_1,y_2,\cdots,y_n)^{\mathrm{T}}$ 进行杂交，杂交产生的后代记为 $\overline{x}=(\overline{x}_1,\overline{x}_2,\cdots,\overline{x}_n)^{\mathrm{T}}$，$\overline{y}=(\overline{y}_1,\overline{y}_2,\cdots,\overline{y}_n)^{\mathrm{T}}$，则

$$\begin{cases}\overline{x}_k=\alpha x_k+(1-\alpha)y_k,\\ \overline{y}_k=\alpha y_k+(1-\alpha)x_k,\end{cases}\tag{4.3.2}$$

其中，$k=1,2,\cdots,n$，$\alpha=0.5\mu^{\zeta^{\lambda}}$，$\mu,\lambda$ 均为决定影响 α 程度的参数（本章取 μ=8, λ=0.7）．从式（4.3.2）可以看出，α 的取值随着种群的优劣度指标的变化而变化．在进化初期，在需要获得 Pareto 界面上的解规模一定的条件下，种群中 Pareto 最优解分布较少，δ 接近于1，α 逼近于4（μ=8），这样可以增大算法的搜索空间．在进化后期，种群中的 Pareto 最优解较多，ζ 接近于0，则 α 逼近于0.5．因此，随着进化代数的变化，杂交算子按照所得种群的优劣度进行自适应调节，这样，不但可以加速算法的收敛，而且可以很好地维护种群的多样性．

当 $\alpha>1$ 时，经上述交叉操作后产生的个体的分量取值有可能超出分量的定义区间，因此，对超出定义区间个体的分量按照式（4.3.3）进行分量的区间规范化处理．

设个体 $x=(x_1,x_2,\cdots,x_n)^{\mathrm{T}}$ 的第 k 个分量 x_k 的取值范围为 $[a,b]$，经交叉操作后得到的分量为 $\overline{x}_k$，当 $\overline{x}_k<a$ 或 $\overline{x}_k>b$ 时，则用

$$\tilde{x}_k=\overline{x}_k-\left\lfloor\frac{\overline{x}_k-a}{b-a}\right\rfloor(b-a) \tag{4.3.3}$$

代替 $\overline{x}_k$．

4.3.3　约束处理

在时刻 t，对于第 k 代任意两个个体 x，$y\in[L,U]_t$．

(1) 若个体 x，y 可行，且 x 的序值不大于 y 的序值，即 $r(x)\leqslant r(y)$，则保留个体 x．

(2) 若个体 x 可行，个体 y 不可行，则保留个体 x．

(3) 若个体 x，y 不可行，且 x 的密度不小于 y 的密度，即 $\rho(x)\geqslant\rho(y)$，则保留个体 y．

4.3.4　动态多目标优化进化算法流程

算法4.3.1（NCDMEA）

步骤1　设定算法终止条件，给定种群规模 N，杂交概率 p_c，变异概率 p_m，最大时间步 $T_{\max}$，最大迭代次数 $g_{\max}(t)$，随机在搜索空间 $[L,U]_0$ 上产生初始种群 $\mathrm{pop}^0(0)$，同时把 $\mathrm{pop}^0(0)$ 中序值为1的个体存入一个临时解集 $F^0(0)$，令时间步 $t=0$，迭代次数 $k=0$．

步骤2　时间步 t，以杂交概率 p_c 从第 k 代种群 $\mathrm{pop}^k(t)$ 中选杂交的父代对其进行杂交产生后代，没有参与杂交的父代看成自己的后代，所有后代的集合记为 $o^k(t)$．

步骤3 以概率 p_m 对 $o^k(t)$ 中的个体 x 进行变异，则其第 s 个分量 x_s 变异如下：将搜索空间 $[L,U]_t$ 中第 s 维子空间 $[l_s(t),u_s(t)]$ 分成若干子区间 $[w_1^s,w_2^s]$，$[w_2^s,w_3^s]$，$\cdots$，$[w_{n_s-1}^s,w_{n_s}^s]$，使得 $|w_j^s-w_{j-1}^s|\leqslant\varepsilon$，其中 $j=2,\cdots,n_s$，$w_1^s=l_s$，$w_{n_s}^s=u_s$．随机产生一个数 $r_s\in[0,1]$，若 $r_s\leqslant p_m$，$s=1,2,\cdots,n$，随机在 $\{\omega_1^s,\cdots,\omega_{n_s}^s\}$ 中选一个数 $\omega_{j_s}^s$ 代替 x_s，否则 x_s 保持不变，这样经变异后 x 为 $\overline{x}$，$o^k(t)$ 变为 $\overline{o}^k(t)$．

步骤4 用 $\mathrm{pop}^k(t)\cup F^k(t)\cup\overline{o}^k(t)$ 中序值等于1的个体替换 $F^k(t)$ 中的个体生成新的临时解集 $F^{k+1}(t)$．用选择算子从 $\mathrm{pop}^k(t)\cup F^k(t)\cup\overline{o}^k(t)$ 中选出 N 个个体组成时刻 t 的下一代种群 $\mathrm{pop}^{k+1}(t)$．

步骤5 如果 $k>g_{\max}(t)$，输出 $F^{k+1}(t)$，转步骤6；否则，令 $k=k+1$，转步骤2.

步骤6 如果 $t>T_{\max}$，停机；否则，令 $\mathrm{pop}^0(t+1)=\mathrm{pop}^{g_{\max}(t)}(t)$，$t=t+1$，$k=0$，转步骤2.

4.4 收敛性分析

本节利用概率论的知识，对算法 NCDMEA 的收敛性进行分析，首先引入几个概念[6].

定义4.4.1 设 $\{\xi_k\}$ 是概率空间 $\{\Omega,F,P\}$ 上的实值随机变量序列，若存在随机变量 ξ，$\forall\varepsilon>0$，有

$$P\{\lim_{k\to\infty}\|\xi_k-\xi\|\leqslant\varepsilon\}=1 \tag{4.4.1}$$

成立，则称随机变量序列 $\{\xi_k\}$ 以概率1收敛到具有 ε-精度的随机变量 ξ．

定义4.4.2 固定时刻 t，称个体 x' 是从 x 通过杂交和变异为 ε-精度可达的，若不等式

$$P\{\|MC(x)-x'\|\leqslant\varepsilon\}>0 \tag{4.4.2}$$

成立，这里，$MC(x)$ 表示由 x 通过杂交和变异产生的点.

类似定义4.4.2，有

定义4.4.3 固定时刻 t，称个体 x' 是从 x 通过变异为 ε-精度可达的，若不等式

$$P\{\|M(x)-x'\|\leqslant\varepsilon\}>0 \tag{4.4.3}$$

成立，其中，$M(x)$ 表示由 x 通过变异产生的点.

定理4.4.1 在固定时刻 t，若问题（4.1.5）的可行域 $\Omega(t)\subset\square^n$ 是有界闭凸集，目标函数 $f(x,t)$ 在搜索空间 $[L,U]_t\supseteq\Omega(t)$ 上连续，则对任意充分小的 $\varepsilon>0$，算法

NCDMEA以概率1收敛到问题（4.1.5）具有ε-精度的 Pareto 最优解集，i.e.，

$$P\{\lim_{k\to\infty}\left\|F^k(t)-P_{\text{true}}(t)\right\|\leqslant\varepsilon\}=1,\tag{4.4.4}$$

其中，$P_{\text{true}}(t)$为优化问题（4.1.5）在环境t下的真正 Pareto 最优解集.

证明　先证在时刻t，对任意两个个体$x',x\in\Omega(t)$，x'是从x通过杂交和变异为ε-精度可达的，i.e.，

$$P\{\left\|MC(x)-x'\right\|\leqslant\varepsilon\}>0.\tag{4.4.5}$$

事实上，个体x被选取参加杂交的概率为$p_c>0$．设$\bar{x}$是由x通过杂交产生的任意一个后代，$\bar{x}$被选上参加变异的概率为p_m，则x'从x通过杂交和变异为ε-精度可达的概率

$$P\{\left\|MC(x)-x'\right\|\leqslant\varepsilon\}=p_c\cdot p_m\cdot P\{\left\|M(\bar{x})-x'\right\|\leqslant\varepsilon\},\tag{4.4.6}$$

于是只需证x'是由$\bar{x}$通过变异为ε-精度可达的，i.e.，

$$P\{\left\|M(\bar{x})-x'\right\|\leqslant\varepsilon\}>0.\tag{4.4.7}$$

事实上，对x'的任意一个分量$x_i(i=1,\cdots,n)$，若记$|\omega_{i_s}^s-x_i|=\min\{|\omega_j^s-x_i|,j=1,2,\cdots,n_s\}$，则$|\omega_{i_s}^s-x_i|\leqslant\varepsilon$，其中各$\omega_j^s$由经算法 NCDMEA 的步骤3的变异方法确定，记$\tilde{x}=(\omega_{1_s}^s,\omega_{2_s}^s,\cdots,\omega_{n_s}^s)$，则$\left\|\tilde{x}-x'\right\|\leqslant\varepsilon$．因此，若能证明$P\{M(\bar{x})=\tilde{x}\}>0$成立，则$P\{\left\|M(\bar{x})-x'\right\|\leqslant\varepsilon\}>0$成立，设$M(\bar{x})$和$\tilde{x}$的 Hamming 距离为$h$，即$M(\bar{x})$和$\tilde{x}$的不同分量的个数为$h$，不失一般性，设$M(\bar{x})$和$\tilde{x}$的后$n-h$个分量相同，于是有

$$P\{M(\bar{x})=\tilde{x}\}=\left(p_m^h\prod_{i=1}^{h}\frac{1}{n_i}\right)\left[(1-p_m)^{n-h}\prod_{j=h+1}^{n}\left(1-\frac{1}{n_j}\right)\right]>0,\tag{4.4.8}$$

因此，

$$P\{\left\|MC(x)-x'\right\|\leqslant\varepsilon\}=p_c\cdot p_m\cdot P\{\left\|M(\bar{x})-x'\right\|\leqslant\varepsilon\}>0\tag{4.4.9}$$

成立．故个体x'是由x通过杂交和变异为ε-精度可达的.

由算法的步骤4知，在时刻t，对 NCDMEA 产生的临时解集序列$\{F^{(k+1)}(t)\}$，$F^{(k+1)}(t)$中的任意解非劣于$F^{(k)}(t)$中的解或包含了$F^{(k)}(t)$中的解，于是临时解集序列$F^{(0)}(1)$，$F^{(1)}(2),\cdots,F^{(k)}(t),\cdots$,是单调的.

在时刻t，对充分小的$\varepsilon > 0$，令

$$P_{\text{true}}^{\varepsilon}(t) = \{x \mid \|x - x^*\| \leqslant \varepsilon, x^* \in P_{\text{true}}(t)\}, \tag{4.4.10}$$

其中，$P_{\text{true}}(t_i)$为问题（4.1.5）在时刻t时的 Pareto 最优解集. 因为$f(x,t)$在$[L,U]_t$上连续，故$\forall x_1 \notin P_{\text{true}}^{\varepsilon}(t)$，$\exists x_2 \in P_{\text{true}}^{\varepsilon}(t)$，使得$f(x_2,t) \prec f(x_1,t)$.

注意到算法 NCDMEA 在时刻t产生的临时解集序列$\{F^{(k)}(t)\}$可以看成是具有两个状态的马尔可夫链.

状态1：序列$\{F^{(k)}(t)\}$满足$\forall x^k \in F^{(k)}(t)$，$\exists x^* \in P_{\text{true}}(t)$，s.t. $\|x^k - x^*\| \leqslant \varepsilon$；

状态2：序列$F^{(k)}(t)$不满足状态1的条件.

因为算法NCDMEA产生的临时解集序列$\{F^{(k)}(t)\}$是单调的，且可行域$\Omega(t) \subseteq [L.U]_t$是有界闭凸集，因此，从状态1转到状态2的概率为0，故状态1为吸收态. 又由两点的ε-精度可达性知，从状态2转移到状态1的概率大于0，故状态2为瞬时态，由马尔可夫链理论[7]知结论成立.

4.5 数 值 仿 真

4.5.1 测试函数

本节选用4个动态多目标优化函数对算法的有效性进行验证，其中测试函数DMOP1～DMOP3分别取自文献[8]中的FDA1，FDA3和FDA2，且由形如$\min f(x,t) = (f_1(x_{\text{I}},t), g(x_{\text{II}},t) \cdot h(f_1(x_{\text{I}},t), g(x_{\text{II}},t),t))$的极小化函数构成，DMOP4类似文献[9]中的测试函数，其主要不同之处在于本章把时间变量取为$t = \frac{1}{n_t}\left\lfloor \frac{\tau}{\tau_T} \right\rfloor$，其中，$\tau$表示当前算法迭代次数（generation counter），τ_T表示时间t保持固定（remains fixed）时的迭代次数，n_t表示在整个时间t内设定的确定步数（the number of distinct steps）.

测试函数DMOP1：

$$\begin{cases} f_1(x_{\text{I}},t) = x_1,\ \ g(x_{\text{II}},t) = 1 + \sum\limits_{x_i \in \mathbf{x}_{\text{II}}} (x_i - G(t))^2, \\ h(f_1,g,t) = 1 - \sqrt{\dfrac{f_1}{g}}, \quad G(t) = \sin(0.5\pi t), \\ t = \dfrac{1}{n_t}\left\lfloor \dfrac{\tau}{\tau_T} \right\rfloor, \quad x_{\text{I}} = (x_1) \in [0,1], \\ x_{\text{II}} = (x_2, \cdots, x_{20}) \in [-1,1]. \end{cases}$$

该问题的 Pareto 最优解集 $P_S(t)$ 随时间（环境）的变化发生变化，而 Pareto 前沿面 $P_F(t)$ 随时间的变化保持不变.

测试函数DMOP2：

$$\begin{cases} f_1(x_{\mathrm{I}},t)=\sum_{x_i\in x_{\mathrm{I}}} x_i^{H(t)}, \quad g(x_{\mathrm{II}},t)=1+G(t)+\sum_{x_i\in x_{\mathrm{II}}}(x_i-G(t))^2, \\ h(f_1,g,t)=1-\sqrt{\dfrac{f_1}{g}}, \quad G(t)=|\sin(0.5\pi t)|, \quad H(t)=10^{(2\sin(0.5\pi t))}, \\ t=\dfrac{1}{n_t}\left\lfloor\dfrac{\tau}{\tau_T}\right\rfloor, \quad x_{\mathrm{I}}=(x_1,x_2,x_3,x_4,x_5)\in[0,1], \\ x_{\mathrm{II}}=(x_6,\cdots,x_{30})\in[-1,1]. \end{cases}$$

对于此函数，其 Pareto 最优解集 $P_S(t)$ 和 Pareto 前沿面 $P_F(t)$ 随时间的变化均发生改变.

测试函数DMOP3：

$$\begin{cases} \min f_1(x_{\mathrm{I}},t)=x_1, \quad g(x_{\mathrm{II}},t)=1+\sum_{x_i\in x_{\mathrm{II}}} x_i^2, \\ h(x_{\mathrm{III}},f_1,g,t)=1-\left(\sqrt{\dfrac{f_1}{g}}\right)^{\left(H(t)+\sum_{x\in\mathrm{III}}(x_i-H(t))^2\right)^{-1}}, \\ H(t)=0.75+0.7\sin(0.5\pi t), \quad x=(x_{\mathrm{I}},x_{\mathrm{II}},x_{\mathrm{III}}), \quad x_{\mathrm{I}}=(x_1)\in[0,1], \\ x_{\mathrm{II}}=(x_2,\cdots,x_{16})\in[-1,1], \\ x_{\mathrm{III}}=(x_{17},\cdots,x_{32})\in[-1,1], \quad t=\dfrac{1}{n_t}\left\lfloor\dfrac{\tau}{\tau_T}\right\rfloor. \end{cases}$$

对于此函数，其Pareto最优解集 $P_S(t)$ 不随时间（环境）变化，而 Pareto 前沿面 $P_F(t)$ 随时间发生改变，且随着函数 $H(t)$ 的变化，$P_F(t)$ 的形状由凸形逐渐变为凹形.

测试函数DMOP4：

$$\begin{cases} \min f(x,t)=(f_1(x,t),f_2(x,t)), \\ \text{s.t.}\ \ f_1(x,t)=t(x_1^2+(x_2-1)^2)+(1-t)(x_1^2+(x_2+1)^2+1), \\ f_2(x,t)=t(x_1^2+(x_2-1)^2)+(1-t)((x_1-1)^2+(x_2^2+2)), \\ -2\leqslant x_1,x_2\leqslant 2, \quad t=\dfrac{1}{n_t}\left\lfloor\dfrac{\tau}{\tau_T}\right\rfloor. \end{cases}$$

该函数的Pareto最优解集 $P_S(t)$ 和Pareto前沿面 $P_F(t)$ 随时间的变化均发生改变，且随着 t 的增大，Pareto前沿面 $P_F(t)$ 以相同的形状沿坐标原点方向不断收缩.

4.5.2 测试结果

对上述4个测试函数，分别用算法NCDMEA和实数编码的算法DNSGAII[10]对其独立运行20次，为了比较的公平性，在计算中两种算法的参数选择如下，$\tau_T = 10$，$n_t = 6$，种群规模 $N = 200$，杂交概率 $p_c = 0.7$，变异概率 $p_m = 0.2$.

图4.5.1绘出了算法DNSGAII和算法NCDMEA在一次典型运行中获得测试函数DMOP1～DMOP2的Pareto前沿面．图4.5.2给出了两种算法对DMOP3～DMOP4在一次典型运行中获得的Pareto前沿面．

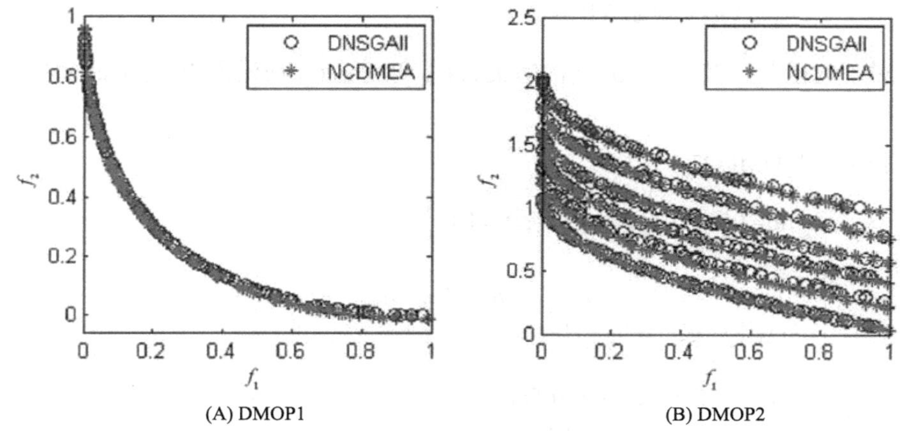

(A) DMOP1　　(B) DMOP2

图 4.5.1　算法对 DMOP1～DMOP2 在 6 个时间步所得的 Pareto 前沿面

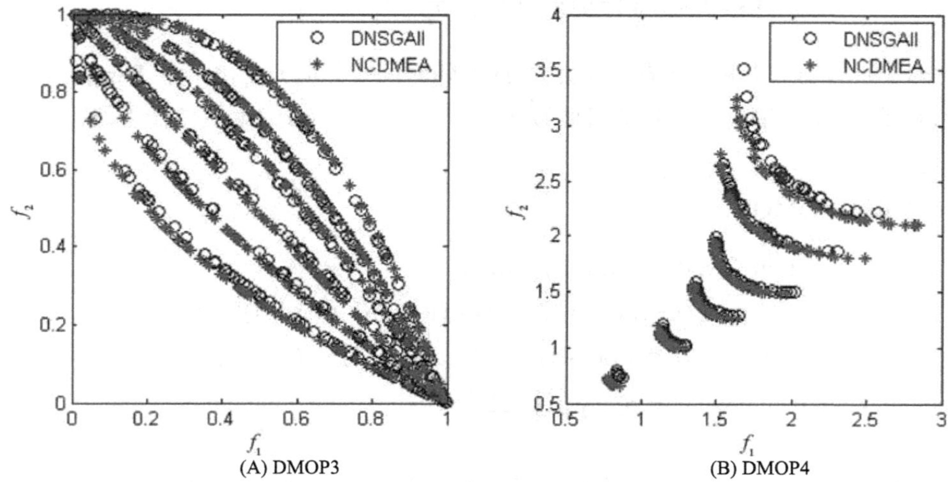

(A) DMOP3　　(B) DMOP4

图4.5.2　算法对DMOP3～DMOP4在6个时间步所得的 Pareto前沿面

图4.5.3给出了两种算法在一次典型运行中得到DMOP1～DMOP4的 Pareto 最优解的U−measure值. 图4.5.4给出了算法 DNSGAII 和 NCDMEA 在一次典型运行中得到问题DMOP1～DMOP4的 Pareto 最优解的收敛性度量结果（其中，对$e_f(t)$取对数）.

从图4.5.1(A)可以看出，对于DMOP1，两种算法得到其 Pareto 前沿面均未发生改变，且算法 NCDMEA 获得的 Pareto 最优解的数量、多样性均好于算法 DNSGAII 的结果.

从图4.5.1(B)可知，DNSGAII不能很好地找到 DMOP2 的 Pareto 前沿面的右下方最优解，而算法 NCDMEA 在每一个时间步都可在目标空间较广范围内找到问题的分布较好的 Pareto 最优解，这表明算法 NCDMEA 具有保持种群多样性的能力. 从图4.5.2(A)～(B)知，对于函数 DMOP3 和 DMOP4 ，算法 NCDMEA 在一次运行中获得的Pareto最优解的数量、均匀性比 DNSGAII 的结果好，且所得 DMOP3 的 Pareto 前沿面随环境的变化由凸形逐渐变为凹形，这与测试函数 DMOP3 的分析性质一致.

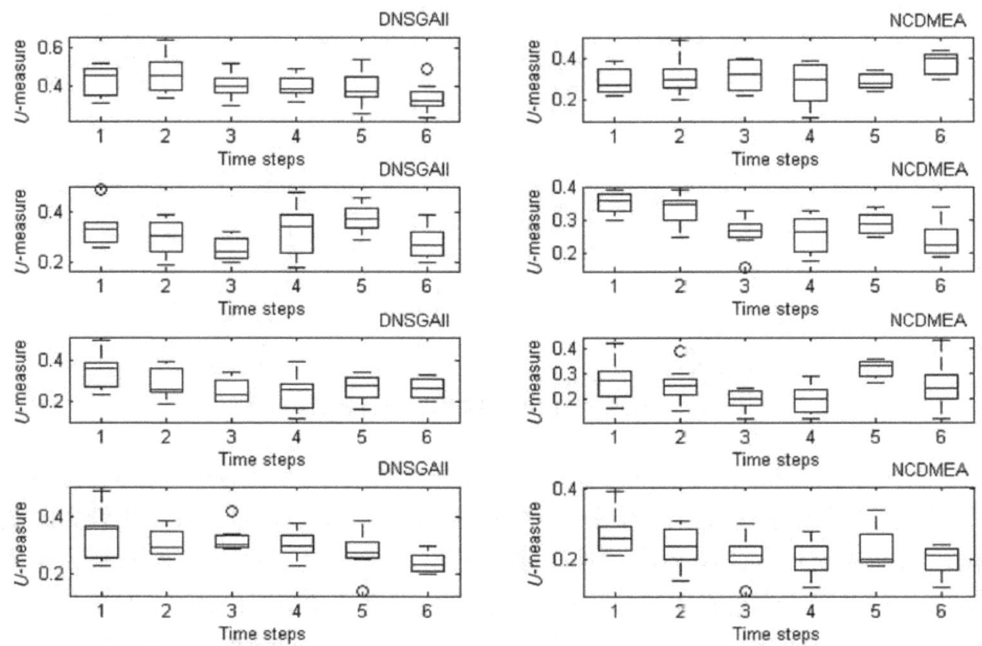

图4.5.3　算法对DMOP1～DMOP4所得解的U-measure值，其中第 i 行表示两种算法对第i个问题 DMTi（i=1,…,4）在不同时间步所得的U-measure值

从图4.5.3统计的U -measure值可知，除算法 NCDMEA 对 DMOP1 的时间步6，DMOP2的时间步1，2及DMOP3的时间步5所得 Pareto 最优解的U -measure值比DNSGAII所得结果稍大外，在其余时间步NCDMEA求得的 Pareto 最优解的U -measure值比算法DNSGAII求得的结果都小，这说明算法 NCDMEA 具有保持所得解的多样性和均匀性的能力.

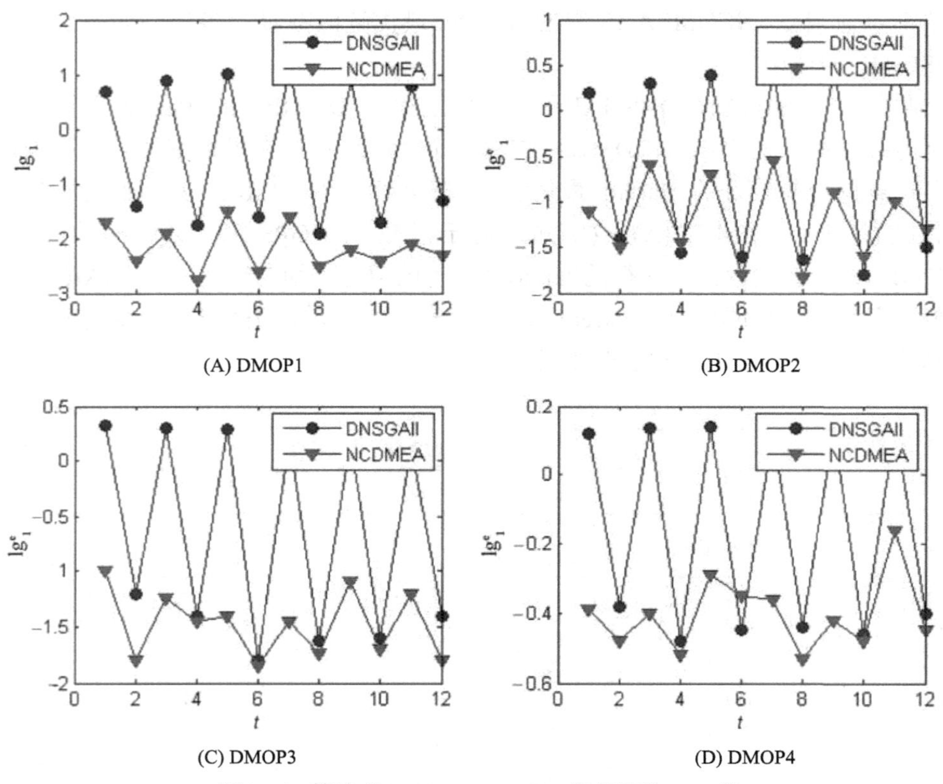

(A) DMOP1　(B) DMOP2

(C) DMOP3　(D) DMOP4

图4.5.4　算法对DMOP1～DMOP4所得解的 $e_f(t)$ 值

另外，从图4.5.4(A)～(D)可以看出，在每一次变化后，DNSGAII都能将收敛量降低到一个较小的值，但当另有一个变化出现时，其收敛量就会发生较大的变化，从而表明DNSGAII的收敛性总是好一次，坏一次．然而，对于本文算法NCDMEA却不存在这样明显的随时间变化而大幅度摆动情况．另外，对于测试函数DMOP1和DMOP3，算法NCDMEA的收敛量比较平稳的分布在区间$[-2.6,-1.5]$和$[-1.8,-1.1]$之间．而对于DMOP2和DMOP4，在个别时刻算法NCDMEA的收敛性虽然没有DNSGAII 的收敛性好，但从整个时间来看，其比较集中地分布在区间$[-1.9,-0.6]$和$[-0.55,-0.16]$之间，且收敛量的振幅也不大，这说明新算法

NCDMEA的收敛能力较强．

因此，从以上分析可知，本章算法NCDMEA在获得动态多目标优化问题最优解的多样性、均匀性方面体现出了较好的效果．它不但能够很好的跟踪随时间变化的问题的Pareto最优解或具有 ε -精度的Pareto最优解，而且对不同测试函数能够求得其随时间变化的数量较多、分布较均匀的Pareto最优解（目标空间）．

4.6 本 章 小 结

本章针对目标函数随时间连续变化的动态无约束多目标优化问题（DCMOP）建立了一种动态双目标优化模型，同时在对进化算子的合理设计下给出了求解的进化算法．最后通过计算机仿真对算法的性能进行了测试．

参 考 文 献

[1] Deb K U, Bhaskara R N，Karthik S. Dynamic multiobjective optimization and decision making using modified NSGA-II: A case on hydro-thermal power scheduling. Proc. of the 4th International Conference on Evolutionary Multi-Criterion Optimization, Lecture Notes in Computer Sciences 4403, Springer-Verlag, Matsushima, Japan, 2007：803-817.

[2] Liu B D. Theory and Practice of Uncertain Programming, Heidelberg: Physica-Verlag, 2002; Uncertain Programming, New York: Wiley, 1999; Decision Criteria and Optimal Inventory Processes, Boston: Kluwer Academic Publishers, 1999; Uncertainty Theory, Heidelberg: Physica-Verlag, 2007.

[3] Goldberg D E, Smith R E. Non-stationary function optimization using genetic algorithms with dominance and diploidy. Proc. of the 2nd Int Conf. on Genetic Algorithms, Grefenstette J J (Eds.), 1987：59-68.

[4] Mei Y, Tang K，Yao X. Capacitated arc routing problem in uncertain environments. Proc. of the 2010 IEEE Congress on Evolutionary Computation (CEC2010), Barcelona, Spain, 2010, 18-23：1400-1407.

[5] 刘淳安，王宇平．基于新模型的动态多目标进化算法．计算机研究与发展，2008, 45 (4)：603-611．

[6] 王宇平，焦永昌，张福顺．解无约束非线性全局优化的一种新进化算法及其收敛性．电子学报, 2002, 30(12): 1867-1869.

[7] Allen A O. Probability, statistics and queuing theory with computer science applications, 2nd Edition. Boston, MA: Academic Press, INC., 1990.

[8] Farina M, Deb K, Amato P. Dynamic multi-objective optimization problems: Test cases, approximation, and applications. IEEE Transactions on Evolutionary Computation, 2004, 8(5): 311-326.

[9] Jin Y C, Sendhoff B. Constructing dynamic optimization test problems using the multiobjective optimization concept. Proc. of the Evolutionary Workshops 2004, LNCS 3005, Springer-Verlag, Heidelberg, Germany, 2004：525-536.

[10] Deb K, Bhaskara U R N, Karthik S. Dynamic multiobjective optimization and decision-making using modified NSGA-II: A case on hydro-thermal power scheduling. Proc. of the 4th International Conference on Evolutionary Multi-Criterion Optimization, LNCS 4403, Springer-Verlag, Matsushima, Japan, 2007：803-817.

第 5 章　离散时间空间上的动态多目标优化进化算法

5.1　问题及预备知识

考虑时间取值于$\square^{+}$上的动态多目标优化问题

$$\min_{x\in D\subseteq[L,U]} f(x,t)=(f_1(x,t),f_2(x,t),\cdots,f_m(x,t)), \tag{5.1.1}$$

其中，$t\in\square^{+}$表示时间（环境）变量，$x=(x_1,x_2,\cdots,x_n)^{\mathrm{T}}\in\square^{n}$是$n$维决策向量，$D\subset\square^{n}$是决策向量空间，$[L,U]$是搜索空间，且

$$[L,U]=\{x=(x_1,x_2,\cdots,x_n)^{\mathrm{T}}\mid l_i\leqslant x_i\leqslant u_i, i=1,2,\cdots,n\}, \tag{5.1.2}$$

$f(x,t):(D,t)\to\square^{m}$是由$m$个实值子目标函数$f_i(x,t)(i=1,\cdots,m)$组成的目标向量函数.

定义5.1.1（Pareto理想解，目标空间）　固定时刻t，设点

$$\mathrm{Best}(t)=(\min_{x\in[L,U]} f_1(x,t),\min_{x\in[L,U]} f_2(x,t),\cdots,\min_{x\in[L,U]} f_m(x,t))^{\mathrm{T}}\in\square^{m},$$

$$\mathrm{Worst}(t)=(\max_{x\in[L,U]} f_1(x,t),\max_{x\in[L,U]} f_2(x,t),\cdots,\max_{x\in[L,U]} f_m(x,t))^{\mathrm{T}}\in\square^{m},$$

则称$\mathrm{Best}(t)$，$\mathrm{Worst}(t)$为问题（5.1.1）的两个 Pareto 理想解，其中，$\mathrm{Best}(t)$为 Pareto 最好理想解，$\mathrm{Worst}(t)$称为 Pareto 最差理想解.

定义5.1.2（Pareto滤集）　设$P_S^1(t)$，$P_S^2(t)$，…，$P_S^{\tau}(t)$分别是算法$\overline{A}_1$，$\overline{A}_2$，…，$\overline{A}_{\tau}$在环境t下求得问题（5.1.1）的Pareto最优解集，则

$$P_S^*(t)=\{x\in\bigcup_{i=1}^{\tau}P_S^i(t)\mid \nexists\, y\in\bigcup_{i=1}^{\tau}P_S^i(t),\ \text{s.t.}\ f(y,t)\prec f(x,t)\} \tag{5.1.3}$$

称为$P_S^1(t)$，$P_S^2(t)$，…，$P_S^{\tau}(t)$的Pareto滤集.

定义5.1.3（解集的核（Core））　在环境t下，设解集$S_{\text{set}}(t)$是由N个个体$x_j(t)=(x_1^j(t),\ x_2^j(t),\cdots,x_n^j(t))^{\mathrm{T}}\in\square^{n}(j=1,2,\cdots,N)$组成，则称点

$$x^*(S_{\text{set}},t)=\left(\frac{1}{N}\sum_{j=1}^{N}x_1^j(t),\frac{1}{N}\sum_{j=1}^{N}x_2^j(t),\cdots,\frac{1}{N}\sum_{j=1}^{N}x_n^j(t)\right)^{\mathrm{T}} \tag{5.1.4}$$

为解集 $S_{\text{set}}(t)$ 的核.

5.2 分布估计模型

对于动态多目标优化问题，经常关心的是当探测到环境 t 发生变化时，如果能快速利用环境 t 以前获得的有用解的信息准确估计下一环境下的进化种群或Pareto最优解的位置[1~3]，那么，算法在进化过程中，就可以极大的降低计算量，提高搜索效率．下面首先以算法在前 t 个环境求得问题（5.1.1）的Pareto最优解集为例，给出一种近似估计下一环境问题的Pareto最优解的分布估计模型[4].

设 $P_S(1)$，$P_S(2)$，$\cdots$，$P_S(t)$ 分别是算法在前 t 个环境求得问题（5.1.1）的Pareto最优解集，此时，若探测到环境发生了改变，则近似估计新环境下问题的Pareto最优解的分布估计模型

$$P_S(t+1)=F(P_S(1),P_S(2),\cdots,P_S(t),t), \tag{5.2.1}$$

其中，$F(\cdot)$ 是关于前 t 个环境算法获得问题的Pareto最优解集 $P_S(1)$，$P_S(2)$，$\cdots$，$P_S(t)$ 的一个分布估计函数，$P_S(t+1)$ 是估计的环境 $t+1$ 下问题的Pareto最优解集.

在上述分布估计模型下，下面给出一种估计新环境下进化种群的核分布估计法．设第 $i(i=1,2,\cdots,t)$ 个环境进化种群 $\text{pop}(i)$ 是由 N 个个体 $x^j(i)=(x_1^j(i),x_2^j(i),\cdots,\ x_n^j(i))^{\mathrm{T}}\in\mathbb{R}^n(i=1,\cdots,t;\ j=1,\cdots,N)$ 组成，算法跟踪搜索到问题的Pareto最优解集 $P_S(i)$ 由 N' 个个体 $\overline{x}^s(i)=(\overline{x}_1^s(i),\overline{x}_2^s(i),\cdots,\overline{x}_n^s(i))^{\mathrm{T}}\in\mathbb{R}^n(i=1,\cdots,t;\ s=1,\cdots,N')$ 构成，$x_\tau^j(i)$，$\overline{x}_\tau^s(i)$ 分别是 $x^j(i)$ 和 $\overline{x}^s(i)$ 的第 $\tau(\tau=1,2,\cdots,n)$ 个分量，则进化种群的核分布估计法的基本框架如下：

核分布估计法

步骤 1　在环境 $i(i=1,2,\cdots,t)$ 下，计算种群 $\text{pop}(i)$ 和 Pareto 最优解集 $P_S(i)$ 的核 $x^*(\text{pop},i)$，$\overline{x}^*(P_S,i)$，i.e.,

$$x^*(\text{pop},i)=\left(\frac{1}{N}\sum_{j=1}^{N}x_1^j(i),\frac{1}{N}\sum_{j=1}^{N}x_2^j(i),\cdots,\frac{1}{N}\sum_{j=1}^{N}x_n^j(i)\right)^{\mathrm{T}}(i=1,\cdots,t), \tag{5.2.2}$$

$$\overline{x}^*(P_S,i)=\left(\frac{1}{N'}\sum_{s=1}^{N'}\overline{x}_1^s(i),\frac{1}{N'}\sum_{s=1}^{N'}\overline{x}_2^s(i),\cdots,\frac{1}{N'}\sum_{s=1}^{N'}\overline{x}_n^s(i)\right)^{\mathrm{T}}(i=1,\cdots,t). \tag{5.2.3}$$

步骤2　当探测到环境改变时，借助前 t 个环境所得种群 pop(i) 和Pareto最优解集 $P_S(i)$ 的核 $\overline{x}^*(\text{pop},i)$，$\overline{x}^*(P_S,i)(i=1,\cdots,t)$ 分别按式（5.2.2）~（5.2.3）对环境 $t+1$ 下的进化种群估计集 $\overline{\text{pop}}(t+1)$ 和Pareto最优解估计集 $\overline{P}_S(t+1)$ 中的个体 $x^j(t+1)$ 和 $\overline{x}^s(t+1)$ 的位置分别进行近似估计，i.e.，

$$x^j(t+1)=x^j(\tau+1)+F(x^*(\text{pop},\tau),\cdots,x^*(\text{pop},t),t)$$

$$=x^j(\tau+1)+\sum_{i=\tau}^{t}(x^*(\text{pop},i)-x^*(\text{pop},i-1)),\tag{5.2.4}$$

$$\overline{x}^s(t+1)=\overline{x}^s(\tau+1)+F(x^*(P_S,\tau),\cdots,x^*(P_S,t),t)$$

$$=\overline{x}^s(\tau+1)+\sum_{i=\tau}^{t}(x^*(P_S,i)-x^*(P_S,i-1)),\tag{5.2.5}$$

其中，$x^j(t+1)\in\overline{\text{pop}}(t+1)$，$x^j(\tau)\in\text{pop}(\tau), j=1,2,\cdots,N$；$\overline{x}^s(t+1)\in\overline{P}_S(t+1)$，$\overline{x}^s(\tau)\in P_S(\tau), s=1,2,\cdots,N'$，$1\leqslant\tau\leqslant t-1$（本章取 $\tau=t-1$）.

步骤3　为了有效增加环境 $t+1$ 下所得进化种群的有效性和多样性，对解集 $\overline{\text{pop}}(t+1)\cup\overline{P}_S(t+1)$ 中的每个个体进行一次扰动，i.e.，

(1)　$\forall x^i(t+1)=(x_1^i(t+1),x_2^i(t+1),\cdots,x_n^i(t+1))^{\mathrm{T}}\in(\overline{\text{pop}}(t+1)\cup\overline{P}_S(t+1))$，令 $\tilde{x}^i(t)=(\tilde{x}_1^i(t),\tilde{x}_2^i(t),\cdots,\tilde{x}_n^i(t))^{\mathrm{T}}\in P_S(t)$ 是与其距离最近的个体，即

$$\tilde{x}^i(t)=\arg\min_{x\in P_S(t)}\left\|x-x^i(t+1)\right\|_2,\tag{5.2.6}$$

其中，$i=1,2,\cdots,|\overline{\text{pop}}(t+1)\cup\overline{P}_S(t+1)|$.

(2) 对 $\overline{\text{pop}}(t+1)\cup\overline{P}_S(t+1)$ 中的每个个体 $x^i(t+1)=(x_1^i(t+1),x_2^i(t+1),\cdots,x_n^i(t+1))^{\mathrm{T}}$（$i=1,2,\cdots,|\overline{\text{pop}}(t+1)\cup\overline{P}_S(t+1)|$）按照下式（5.2.7）对其进行扰动，生成个体 $\Theta^i(t+1)=(\Theta_1^i(t+1),\Theta_2^i(t+1),\cdots,\Theta_n^i(t+1))^{\mathrm{T}}$，同时，解集 $\overline{\text{pop}}(t+1)\cup\overline{P}_S(t+1)$ 经扰动后变为 $S_d(t+1)$.

$$\begin{pmatrix}\Theta_1^i(t+1)\\\Theta_2^i(t+1)\\\vdots\\\Theta_n^i(t+1)\end{pmatrix}=\begin{pmatrix}x_1^i(t+1)\\x_2^i(t+1)\\\vdots\\x_n^i(t+1)\end{pmatrix}+\boldsymbol{V}\cdot\Delta\boldsymbol{v},\tag{5.2.7}$$

其中，$\boldsymbol{V}$ 是下列一个对角阵，

$$V=\begin{pmatrix} x_1^j(t+1)-\tilde{x}_1^i(t) & & & \\ & x_2^j(t+1)-\tilde{x}_2^i(t) & & \\ & & \ddots & \\ & & & x_n^j(t+1)-\tilde{x}_n^i(t) \end{pmatrix},$$

$\Delta\boldsymbol{v}$ 是服从 n 维标准正态分布的随机向量，即 $\Delta\boldsymbol{v}=(N(0,1),N(0,1),\cdots,N(0,1))^{\mathrm{T}}$.

步骤4　令 $\mathrm{pop}(t+1)=\overline{\mathrm{pop}}(t+1)\cup\overline{P}_S(t+1)\cup S_d(t+1)$ ，则 $\mathrm{pop}(t+1)$ 为新环境 $t+1$ 下的初始进化种群.

5.3　核分布估计动态多目标进化算法

5.3.1　环境变化自检算子

解动态优化问题的关键是在环境发生改变的情况下，如何使算法自动跟踪环境的改变而继续寻找新的Pareto最优解[5,6]．下面给出一种环境变化自检算子

$$\varepsilon(t)=\sum_{i=1}^{s}\frac{\min\limits_{1\leqslant j\leqslant\tau}\left\|f(x_i,t)-f(x_j,t-1)\right\|_2}{N\left\|\mathrm{Best}(t)-\mathrm{Worst}(t)\right\|_2},\tag{5.3.1}$$

其中 $\mathrm{Best}(t)$，$\mathrm{Worst}(t)$ 分别表示在环境 t 下对应问题的目标空间中的Pareto最好理想解和最差理想解，$x_i(i=1,\cdots,s)$ 是环境 t 下获得的 s 个Pareto最优解，$x_j(j=1,\cdots,\tau)$ 是环境 $t-1$ 获得的 τ 个Pareto最优解，N 是当前种群规模．如果 $\varepsilon(t)>\eta$（η 是给定的阈值），此时认为环境发生改变，这时用式（5.3.1）引导算法重新进入下一个新的环境.

5.3.2　新算法（CDDMEA）流程

步骤1（初始化）　设定算法终止条件，种群规模 N，杂交概率 p_c，变异概率 p_m，最大时间（环境）步 $T_{\max}$，最大迭代次数 $g_{\max}(t)$．随机在搜索空间产生初始种群 $\mathrm{pop}^1(0)$，同时把 $\mathrm{pop}^1(0)$ 中非劣解存储于外部存储器 $Q^1(0)$，令 $t=0$，$k=1$.

步骤2（杂交、变异、选择）

步骤2. 1　对 $\mathrm{pop}^k(t)$ 中的个体以杂交概率 p_c 对其进行算术杂交，产生杂交后代，没有参与杂交的个体看做自己的后代，所有后代记为 $c^k(t)$.

步骤2. 2　对 $c^k(t)$ 中的个体以变异概率 p_m 对其进行Gauss变异，产生变异后代，没有参与变异的个体看做自己的后代，所有后代记为 $\hat{c}^k(t)$.

步骤2.3　对 $\text{pop}^k(t) \cup c^k(t) \cup \hat{c}^k(t)$ 中的个体按其序值从小到大进行排序，用比例选择选出 N 个个体组成下一代种群 $\text{pop}^{k+1}(t)$，同时用 $c^k(t) \cup \hat{c}^k(t) \cup Q^k(t)$ 中序值为1的Pareto最优解替换 $Q^k(t)$ 中的所有解，如果 $k > g_{\max}(t)$，输出 $Q^k(t)$ 中的所有解，令 $t = t+1$，转步骤4；否则，转步骤3.

步骤3（环境变化判断）　如果环境发生改变，转步骤4；否则，令 $k = k+1$，转步骤2.

步骤4　如果 $t > T_{\max}$，停机；否则，利用前 t 个环境产生的种群 $\text{pop}^k(i)(i = 1,2,\cdots,t)$ 和外部存储器 $Q^k(i)(i = 1,2,\cdots,t)$ 按照核分布估计法5.2.1产生环境 $t+1$ 下的初始种群 $\text{pop}^k(t+1)$，同时把 $\text{pop}^k(t+1)$ 中的非劣解存储于外部存储器 $Q^k(t+1)$，令 $t = t+1$，$k = 0$，转步骤2.

5.4　算法复杂性分析

本章算法 CDDMEA 的时间复杂度主要取决于在每个环境下对初始进化种群的确定及对外部存储器中Pareto最优解的更新. 设优化问题有 m 个目标，种群规模为 N，外部存储器（Pareto最优解集）规模为M，杂交概率为 p_c，变异概率为 p_m.

(1) 当探测到当前环境 t 发生改变时，（I）计算前 $t(t < T_{\max})$ 个环境下规模为 N 的种群 $\text{pop}^k(i)(i = 1,2,\cdots,t)$ 和规模为 M 的外部存储器 $Q^k(i)(i = 1,2,\cdots,t)$ 的核的时间复杂度为 $O(t(N+M))$；（II）利用所得的核对下一环境种群估计集 $\overline{\text{pop}}^k(t+1)$ 和Pareto最优估计集 $\overline{P}^k(t+1)$ 进行估计的时间复杂度为 $O(N+M)$；（III）对生成的种群估计集 $\overline{\text{pop}}^k(t+1)$ 和Pareto最优解集 $\overline{P}^k(t+1)$ 进行扰动生成新环境 $t+1$ 下的初始种群 $\text{pop}^k(t+1)$ 的时间复杂度为 $O(N+M)$.

(2) 当环境 t 没有发生改变时，（I）以杂交概率 p_c、变异概率 p_m 对 $\text{pop}^k(t)$ 中个体进行杂交和变异产生下一代种群$\text{pop}^{k+1}(t)$ 的时间复杂度为 $O(2(p_c + p_m)(N+M))$；（II）对外部存储器 $Q^k(t)$ 中个体进行更新生成新的存储器 $Q^{k+1}(t)$ 的时间复杂度为 $O(m(N+M)^2)$.

若令 $L = N+M$，则在环境 $t(t>1)$ 的每一代运行中总的时间复杂度最差为

$$
\begin{aligned}
& O(tL) + O(L) + O(L) + O(2(p_c + p_m)L) + O(mL^2) \\
& = O((t+2+2(p_c + p_m))L) + O(mL^2) \\
& = O((t+2+2(p_c + p_m))L + mL^2)
\end{aligned}
$$

$$=O(tL+mL^2). \tag{5.4.1}$$

若本章算法 CDDMEA 的最大时间（环境）步 $t=T_{\max}$，在第一个时间（环境）步的最大迭代次数取为 $g_{\max}^{*}$，在其他环境下最大迭代次数取为 $g_{\max}$，则CDDMEA总的时间复杂度最差为：$O(((T_{\max}-1)L+mL^2)\cdot(g_{\max}^{*}+(T_{\max}-1)\cdot g_{\max}))$.

5.5 数值仿真结果

为测试本章算法的有效性，本节选用4个测试函数分别用CDDMEA和NSGA-II[7] 对其进行求解，其中：CDMO1是采用文献[7]中SCH 函数构造的一个动态多目标优化函数，CDMO2与第3章测试函数DMOP4相同，CDMO3～CDMO4分别与文献[9]中FDA1和FDA4一致．算法测试中，问题的环境总数 $T_{\max}=n_t=9$，固定环境下算法运行最大代数 $g_{\max}(t)=\tau_T=20$，$\varepsilon=0.5$，杂交概率 $p_c=0.75$，变异概率 $p_m=0.1$，为减少随机性对算法性能的影响，两种算法均采用实数编码, 且对每个测试函数独立运行30次，种群规模 $N=100$，NSGA-II的优秀个体保存集及CDDMEA外部存储集规模均取为80，测试中所用的函数如下．

测试函数CDMO1：

$$\begin{cases}\min f(x,t)=((t+\varepsilon)\cdot x^2,(1-t+\varepsilon)\cdot(x-1)^2),\\ t=\dfrac{1}{n_t}\left\lfloor\dfrac{\tau}{\tau_T}\right\rfloor,\quad x\in[0,2],\end{cases}$$

其中，ε 是取定的任意小正数，对于此函数，其Pareto最优解集 $P_S(t)\in$□ 不随时间发生变化，而Pareto前沿面 $P_F(t)$ 随时间的变化发生改变．

测试函数CDMO2[10] ：

$$\begin{cases}\min f(x,t)=(f_1(x,t),f_2(x,t)),\\ \text{s.t.}\quad f_1(x,t)=t(x_1^2+(x_2-1)^2)+(1-t)(x_1^2+(x_2+1)^2+1),\\ f_2(x,t)=t(x_1^2+(x_2-1)^2)+(1-t)((x_1-1)^2+(x_2^2+2)),\\ t=\dfrac{1}{n_t}\left\lfloor\dfrac{\tau}{\tau_T}\right\rfloor,-2\leqslant x_1,x_2\leqslant 2.\end{cases}$$

该函数的性质与第3章测试函数DMOP4相同．

测试函数CDMO3[9] ：

$$\begin{cases}\min f(x,t)=(f_1(x_{\mathrm{I}},t),f_2(x,t)),\\ f_1(x_{\mathrm{I}},t)=x_1,\quad f_2(x,t)=g(x_{\mathrm{II}},t)\cdot(1-\sqrt{\frac{f_1}{g}}),\\ g(x_{\mathrm{II}},t)=1+\sum_{x_i\in\mathbf{x}_{\mathrm{II}}}(x_i-H(t))^2,\quad H(t)=\sin(0.5\pi t),\quad x=(x_{\mathrm{I}},x_{\mathrm{II}}),\\ x_{\mathrm{I}}=(x_1)\in[-1,1],\quad x_{\mathrm{II}}=(x_2,x_3,\cdots,x_n)\in[-1,1],\quad n=20,\quad t=\frac{1}{n_t}\left\lfloor\frac{\tau}{\tau_t}\right\rfloor.\end{cases}$$

该函数的Pareto最优解集 $P_S(t)$ 随时间的变化发生变化，而Pareto前沿面 $P_F(t)$ 随时间的变化保持不变.

测试函数CDMO4[9] ：

$$\begin{cases}\min f(x,t)=(f_1(x,t),f_2(x,t),\cdots,f_m(x,t)),\\ f_1(x,t)=(1+g(x_{\mathrm{II}},t))\prod_{i=1}^{m-1}\cos(\frac{x_i\pi}{2}),\\ f_k(x,t)=(1+g(x_{\mathrm{II}},t))(\prod_{i=1}^{m-k}\cos(\frac{x_i\pi}{2}))\sin(\frac{x_{m-k+1}\pi}{2}),\quad k=2:m-1,\\ f_m(x,t)=(1+g(x_{\mathrm{II}},t))\sin(\frac{x_i\pi}{2}),\\ g(x_{\mathrm{II}})=\sum_{x_i\in\mathbf{x}_{\mathrm{II}}}(x_i-H(t))^2,\quad H(t)=|\sin(0.5\pi t)|,\\ x=(x_{\mathrm{I}},x_{\mathrm{II}}),\quad x_{\mathrm{II}}=(x_m,\cdots,x_n),\quad t=\frac{1}{n_t}\left\lfloor\frac{\tau}{\tau_T}\right\rfloor,\\ |x|=n,\quad n=m+1,\quad |x_{\mathrm{II}}|=10,\quad x_i\in[-1,1],\quad i=1,2,\cdots,n.\end{cases}$$

该函数的Pareto最优解集 $P_S(t)$ 和Pareto前沿面 $P_F(t)$ 随时间的变化发生变化.

图5.5.1～5.5.4分别给出了算法NSGA-II和CDDMEA在9个环境经一次典型运行后所得CDMO1～CDMO4的Pareto前沿面. 对于CDMO3（FDA1），由于该函数的Pareto前沿面 $P_F(t)$ 在目标空间 $\mathbb{R}^m$ 中的位置不随时间发生变化，为了易于观察算法所找到的此问题的Pareto最优解的分布情况，对CDMO3的两个目标函数 $f_1(x,t)$ ，$f_2(x,t)$ 分别增加 $3t/20$ ，即用两个新的目标函数 $f_1(x,t)+3t/20$, $f_2(x,t)+3t/20$ 表示其Pareto前沿面，这里，t 表示第 t 个环境. 表5.5.1给出了两种算法对CDMO1～CDMO4在整个环境下所得的Pareto最优解的逼近率 GD(A)，Pareto最优解的均匀率 SP(A) 和Pareto最优解准确率 ER(A) 的结果.

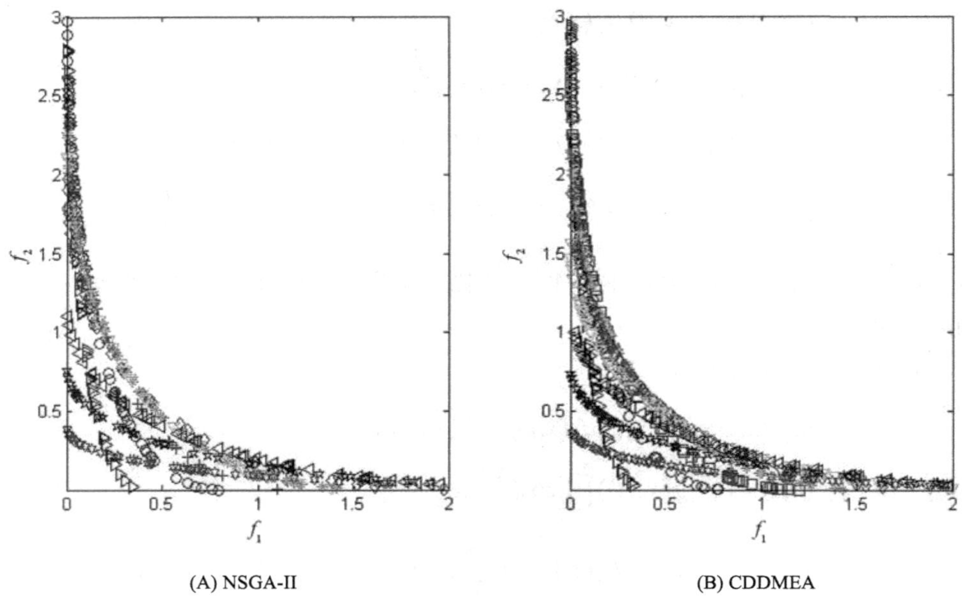

图5.5.1 算法NSGA-II, CDDMEA对CDMO1在一次典型运行中求得的Pareto前沿面

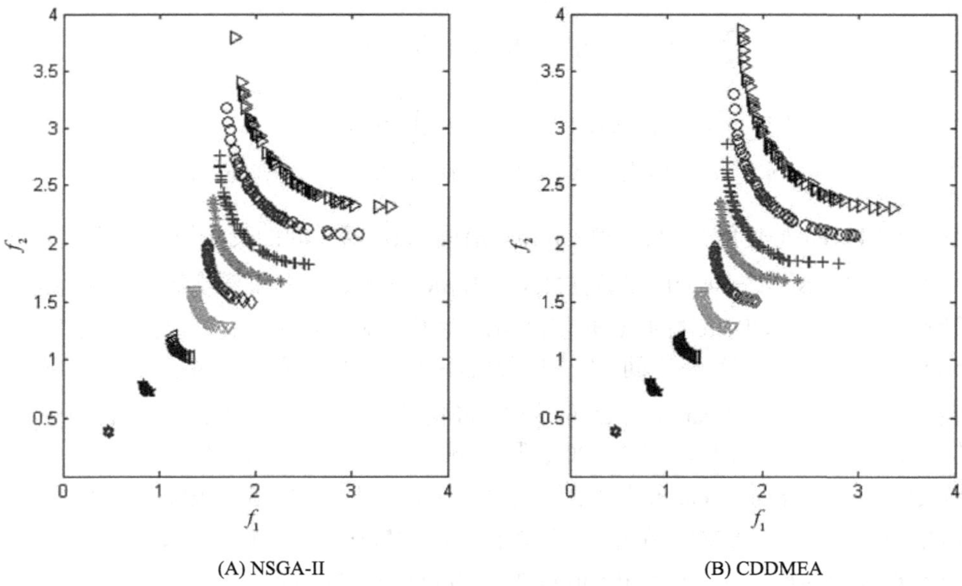

图5.5.2 算法NSGA-II, CDDMEA对CDMO2在一次典型运行中求得的Pareto前沿面

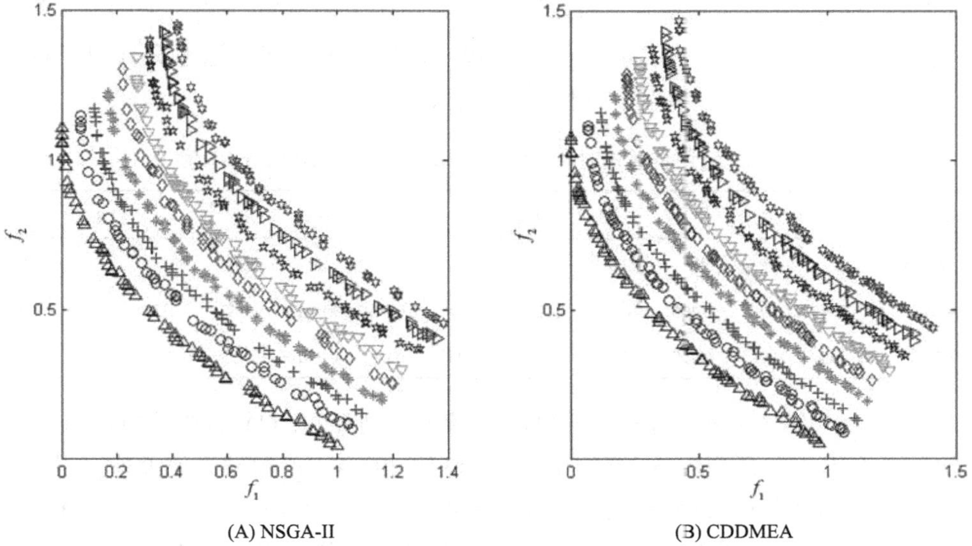

图5.5.3　算法NSGA-II, CDDMEA对CDMO3在一次典型运行中求得的Pareto前沿面

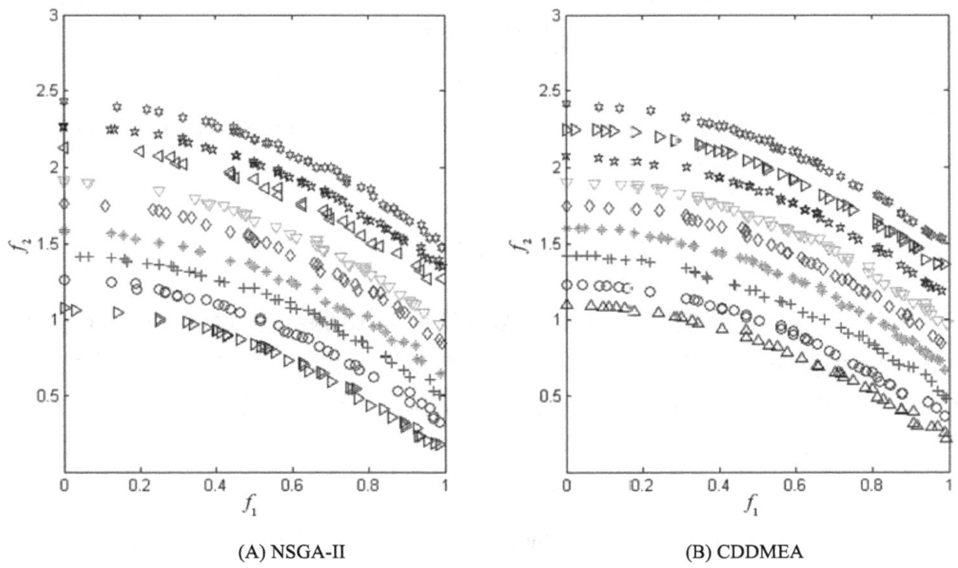

图5.5.4　算法NSGA-II, CDDMEA对CDMO4在一次典型运行中求得的Pareto前沿面

从图5.5.1～5.5.4可知，算法CDDMEA求出问题随时间（环境）变化的Pareto最优解集在目标空间分布的范围较广，并且较均匀．尤其对测试函数CDMO4，从图5.5.4的(A)子图可以看出，当目标函数 f_1 接近0时，NSGA-II难以找到问题的

Pareto前沿面左上方的最优解．然而从图5.5.4的(B)子图可知，算法CDDMEA在每个时间步都可以找到问题目标空间分布较广、较均匀的解．这充分体现了算法CDDMEA具有较强的保持解多样性和均匀性的能力．

表 5.5.1 两种算法对CDMO1～CDMO4所得GD,SP及ER值

测试函数	CDMO1			CDMO2			CDMO3			CDMO4		
度量指标	GD	SP	ER	GD	SP	ER	GD	SP	ER	GD	SP	ER
NSGA-II	0.0364	0.0297	0.406	0.0331	0.0249	0.341	0.0301	0.0267	0.345	0.0352	0.0295	0.402
CDDMEA	0.0243	0.0215	0.465	0.0260	0.0208	0.394	0.0329	0.0201	0.373	0.0314	0.0216	0.424

另外，从表5.5.1统计的Pareto解的逼近率GD结果知：(1) 除算法CDDMEA对CDMO3（FDA1）所得Pareto解的逼近率GD比NSGA-II所得结果稍大外，对其他三个测试函数所得Pareto解的逼近率比NSGA-II所得结果均小；(2) 算法CDDMEA对4个测试函数在整个环境下所得Pareto解的均匀率SP均比NSGA-II的结果小；(3)算法CDDMEA对4个测试函数在整个环境下所得Pareto解的准确率ER均比NSGA-II的结果大．这表明算法CDDMEA在不同时间步求得问题的Pareto最优解的质量、数量、均匀性比其他两种算法的结果好．

因此，从上述比较可知，本章算法CDDMEA对动态多目标优化问题的Pareto最优解具有良好的跟踪和搜索能力，且在每个时间步能找到问题目标空间中分布较广、较均匀的最优解．

5.6 本章小结

本章针对时间t取值于$\square^{+}$上的动态多目标优化问题（dynamic multiobjective optimization problems，DMOP）给出了一种基于核分布估计的动态多目标优化进化算法（CDDMEA）．最后计算机仿真表明新算法十分有效．

参考文献

[1] Branke J, Schmeck H. Designing evolutionary algorithms for dynamic optimization problems. Proc. of the Theory and Application of Evolutionary Computation, Germany, Berlin, Springer -Verlag, 2002：239-262.

[2] Farina M, Deb K, Amato P. Dynamic multiobjective optimization problems: Test cases, approximation, and applications. Proc. of the Evolutionary Multiobjective Optimization

International Conference, Faro, Portugal, 2003：311-326.

[3] Branke J, Kauber T, Schmidth C,et al. A multi-population approach to dynamic optimization problems. Proc. of the Adaptive Computing in Design and Manufacturing, Berlin, Germany, 2000：299-308.

[4] 刘淳安. 基于核分布估计的动态多目标优化进化算法. 山东大学学报（工学版）, 2010, 41,（1）：167-172.

[5] Branke J. Evolutionary algorithms for dynamic optimization problems-A survey. AIFB, University Karlsruhe, 1999.

[6] Jin Y C, Branke J. Evolutionary optimization in uncertain environments-A survey. IEEE Transactions on Evolutionary Computation, 2005, 9(3): 134-137.

[7] Deb K. A fast and elitist multiobjective genetic algorithm: NSGA-II. IEEE Transactions on Evolutionary Computation, 2002, 6(2): 182-197.

[8] Van Veldhuizen D A, lamont G B. Evolutionary computation and convergence to a Pareto front. The Genetic Programming 1998 Conference, John R. Koza Editor, Stanford University California, 1998: 221-228.

[9] Farina M, Deb K, Amato P. Dynamic multi-objective optimization problems: Test cases, approximation, and applications. IEEE Transactions on Evolutionary Computation, 2004, 8(5): 311-326.

[10] Jin Y C, Sendhoff B. Constructing dynamic optimization test problems using the multiobjective optimization concept. Proc. of the Evolutionary Workshops 2004 LNCS 3005, Springer-Verlag, Heidelberg, Germany, 2004: 525-536.

第 6 章　动态多目标优化问题的粒子群算法

6.1　问题及预备知识

考虑下列变维数动态多目标优化问题（DDMOP）

$$\min_{x\in D(t)\subseteq \square^{d(t)}} f(x,t)=(f_1(x,t),f_2(x,t),\cdots,f_{m(t)}(x,t)), \tag{6.1.1}$$

其中，$t\in \square^{+}$是时间（环境）变量，t时刻的优化问题称为第t个环境．$d(t)$，$m(t)$分别表示决策空间$\square^{d(t)}$和目标空间$\square^{m(t)}$的可变维数，$D(t)$是变维数搜索空间．$x=(x_1,x_2,\cdots,x_{d(t)})^{\mathrm{T}}$是$\square^{d(t)}$上的$d(t)$维决策变量，$f_i(x,t)(i=1,2,\cdots,m(t))$为依赖$t$的$m(t)$个动态子目标函数．$f(x,t)$是$\square^{d(t)}\times\square^{+}\to\square^{m(t)}$的目标向量函数．在本章中，对于问题（6.1.1），假定目标空间的维数$m(t)=m$(常数)，自变量维数$d(t)$随时间的变化而发生改变．

定义6.1.1　一个变维向量$u=(u_1,u_2,\cdots,u_{m(t)})^{\mathrm{T}}\in\square^{m(t)}$称为非劣于另一个变维向量$v=(v_1,v_2,\cdots,v_{m(t)})^{\mathrm{T}}\in\square^{m(t)}$，当且仅当$\forall i\in\{1,2,\cdots,m(t)\}$，$u_i\leqslant v_i$，且存在一个指标$i\in\{1,2,\cdots,m(t)\}$，使得$u_i<v_i$，记作$u\prec v$．

定义6.1.2　一个解$x\in D(t)$称为环境t下问题（6.1.1）的Pareto最优解，当且仅当不存在$y\in D(t)$，s.t. $f(y,t)\prec f(x,t)$，所有Pareto最优解构成问题（6.1.1）的Pareto最优解集，记作$P_S(t)$．

6.2　动态多目标优化粒子群算法

粒子群优化（particle swarm optimization，PSO）算法是从“人工生命”领域的研究中发展起来的，它是由J. Kennedy与R. Eberhart[1] 于1995年首次提出的一种模拟动物社会行为的自然进化优化算法．因其容易理解，易于实现，在很多领域得到了成功的应用[2~6]．目前，PSO主要应用于单目标函数优化[1,6~9]，在多目标函数优化方面的应用相对较少，且其主要是利用PSO算法对静态多目标优化问题进行优化．一些典型的算法，如：Moore[10] 采用强调个体和群体的搜索能力，Ray等[11]利用拥挤度来维持个体的多样性，Parsopoulos等[12]采用动态权来增加算法的搜索能力，Hu[13] 使用字典序法每次仅对一个目标进行优化等技术给出了不同的多目标优化粒子群算法．Fieldsend 和Singh[15]提出了基于“dominated tree”存储整个搜索过程中的非占优个体的多目标PSO算法，该方法对微粒的速度还采用了“扰动”算子．Mostaghin等[16] 及Li[17] 将NSGA-II的机制引入微粒群算法用于求解多目标优化问题、数值实验及算法性能比较均表明该方法有效．张利彪等[18]通过对粒子群算法中全局极值和个体极值选取方式的改进，提出了一种求解多目标优化问题的微粒群算法．安伟刚等[19]将单纯形法融入PSO算法中提出了一种单纯形-多目标粒子群混合算法，并将其成功地应用于两目标一杆和二十五杆桁架结构的优化．熊盛武等[20] 利用粒子群的信息传递机制，引入多目标演化算法常用的归档技术提出了一种改进的多目标粒子群优化算法．李宁等[21] 通过引入小生境技术和部分变异的方法提出了一种基于粒子群的多目标优化算法等．然而，把PSO算法应用于动态多目标优化的研究目前则非常少．本章在标准PSO基础上，提出了求解一类时间变量取值于正有理数集$\square^{+}$、自变量的维数随时间可发生变化的动态多目标优化问题（DDMOP）的新粒子群算法．

下面首先给出基本PSO的数学模型．

6.2.1 PSO 的数学模型[7]

在标准的PSO优化模型中，每个粒子是由其当前速度和当前位置所构成的一个二元组 (v_{id}^k, x_{id}^k) 描述，每个粒子能够记忆自身所经历的最好位置 p_{id}^k 和整个群体所经历的最优位置 p_{gd}^k，并通过下列“速度-位置”方程更新自己的速度和位置：

$$v_{id}^{k+1} = \omega \cdot v_{id}^k + c_1 \cdot r_1 (p_{id}^k - x_{id}^k) + c_2 \cdot r_2 (p_{gd}^k - x_{id}^k), \tag{6.2.1}$$

$$x_{id}^{k+1} = x_{id}^k + v_{id}^k, \tag{6.2.2}$$

其中，v_{id}^k 是第 i 个粒子原来速度，v_{id}^{k+1} 是第 i 个粒子当前速度，x_{id}^k 是第 i 个粒子当前位置，x_{id}^{k+1} 是第 i 个粒子产生的新位置，c_1, c_2 为正常数，称为学习因子，r_1, r_2 是 $(0,1)$ 之间的随机数，ω 为惯性因子（通常取 $\omega = 1$）．一般地，设粒子的第 j 个分量的位置变化范围为 $[P_{l_j}, P_{u_j}]$，速度变化范围为 $[V_{l_j}, V_{u_j}]$，在迭代中若粒子的位置和速度超过了其取值的边界范围，则取为边界值．

对于PSO的“速度-位置”进化方程，目前出现了许多改进的形式，关于这方面，读者可参考文献[22]，这里不再叙述．

6.2.2 适时变异算子

当动态多目标优化问题（6.1.1）所处状态随时间（环境）未发生改变时，如何快速使算法求得其当前环境下数量较多、质量较好且分布较均匀的Pareto最优解是非常重要的．可是，对于PSO算法来说，在进化的开始，收敛速度较快，而在进化的后期，其容易陷入局部收敛[10,22]．表现在多目标优化问题上，其求出的Pareto最优解往往集中于某个区域，这样会导致所得解的多样性、宽广性较差，为了克服PSO算法的这种缺陷，下面给出一种适时变异算子．

设 $x^1(t)=(x_1^1(t),\cdots,x_{d(t)}^1(t))^{\mathrm{T}}$ ，$x^2(t)=(x_1^2(t),\cdots,x_{d(t)}^2(t))^{\mathrm{T}}$ ，⋯ ，$x^\tau(t)=(x_1^\tau(t),\cdots,x_{d(t)}^\tau(t))^{\mathrm{T}}$ 是算法在环境 t 获得的 τ 个Pareto最优解． $\Theta^1(t)=(\Theta_1^1(t),\cdots,\Theta_{d(t)}^1(t))^{\mathrm{T}}$ ，$\Theta^2(t)=(\Theta_1^2(t),\cdots,\Theta_{d(t)}^2(t))^{\mathrm{T}}$ ，⋯，$\Theta^\tau(t)=(\Theta_1^\tau(t),\cdots,\Theta_{d(t)}^\tau(t))^{\mathrm{T}}$ 是与 $x^1(t),\cdots,x^\tau(t)$ 分别邻近的 τ 个个体，即

$$\Theta^i(t)=\arg\min_{x\in D(t)}\left\|x-x^i(t)\right\|\ (i=1,\cdots,\tau),$$

产生一随机数 $r_i\in(0,1)$ ．若 $r_i<p_m$ ，则对个体 $\Theta^i(t)(i=1,\cdots,\tau)$ 进行变异产生 $x^i(t)$ 的后代 $z^i(t)$ ，i.e.,

$$z^i(t)=\begin{pmatrix} x_1^i(t) \\ x_2^i(t) \\ \vdots \\ x_{d(t)}^i(t) \end{pmatrix}+\boldsymbol{A}\cdot C, \tag{6.2.3}$$

其中，

$$\boldsymbol{A}=\begin{pmatrix} \frac{1}{\tau}\sum_{i=1}^{\tau}(x_1^i(t)-\Theta_1^i(t)) & & & \\ & \frac{1}{\tau}\sum_{i=1}^{\tau}(x_2^i(t)-\Theta_2^i(t)) & & \\ & & \ddots & \\ & & & \frac{1}{\tau}\sum_{i=1}^{\tau}(x_{d(t)}^i(t)-\Theta_{d(t)}^i(t)) \end{pmatrix},$$

$C=(|c_1|,|c_2|,\cdots,|c_{d(t)}|)^{\mathrm{T}}$ 是服从均值为 $0=(0,\cdots,0)^{\mathrm{T}}$ ，方差为 $\sigma^2=(\sigma_1^2,\cdots,\sigma_{d(t)}^2)^{\mathrm{T}}$ 的 $d(t)$ 维正态分布随机向量，即 $C\,□\,(N(0,\sigma_1^2),N(0,\sigma_2^2),\cdots,N(0,\sigma_{d(t)}^2))^{\mathrm{T}}$ ，适时变异概率 p_m 的计算公式为

$$p_m = \begin{cases} \exp^{\frac{\lambda}{U_{\text{Pareto}}}}, & U_{\text{Pareto}} > \lambda, \\ 0, & \text{其他}, \end{cases} \tag{6.2.4}$$

U_{Pareto} 是当前环境算法所得问题(6.1.1)的Pareto最优解 $x^1(t)$，$x^2(t)$，…，$x^\tau(t)$ 的 U -measure值，λ 是给定Pareto最优解均匀性分布指标的阈值.

6.2.3　改进的惯性因子 ω

从PSO的“速度-位置”方程知，当惯性因子 ω 较大时PSO算法对解空间进行大范围的搜索，较小时对解空间进行小范围的挖掘. 因此，为了进一步提高算法的性能，增强群体的多样性，本章对惯性因子 ω 进行改进，使其随进化代数自适应地调节. 固定环境 t，记第 k 代粒子“飞行”的惯性因子为 ω，则

$$\omega = \frac{(\varepsilon - 0.4)\cdot(g_{\max} - k)}{g_{\max} + 0.4}, \tag{6.2.5}$$

其中，ε 是取定的正数（本章取 $\varepsilon = 0.9$），$g_{\max}$ 是环境 t 下算法运行的最大代数，k 是当前代数.

6.2.4　环境变化判断规则

对动态多目标优化问题（6.1.1）的求解，需考虑的另一个问题是算法能否较好识别问题的环境改变，并能继续有效地跟踪其Pareto最优解，也就是说，一旦当环境发生了改变，算法能否很快识别并较好地适应此变化. 下面给出一种环境变化判断规则，利用该规则识别问题（6.1.1）的环境是否发生改变，从而促使算法跳出当前环境而进入下一个新的环境进行搜索. 环境变化判断规则：

对问题（6.1.1），若在第 $t+1$ 环境下随机生成的自变量维数值 $d(t+1)$ 在环境 $t+1$ 以前未曾出现过，则规定环境已经发生变化，也就是说，新的环境已经出现. 如果在 $t+1$ 环境以前已经出现，那么无论目标函数中其他参数是否发生变化，均规定环境未发生改变.

6.2.5　动态多目标优化 PSO 算法

步骤1　随机生成问题的环境变量值及各环境下自变量的初始维数值，随机产生 N 个粒子 $x_i^0(t)(i=1,\cdots,N)$ 组成初始粒子群 $\text{pop}^0(0)$，记粒子 $x_i^0(0)$ 的初始位置为 $x_{id}^0(0)=x_i^0(0)$，其找到的最优位置 $p_{id}^0(0)=x_i^0(0)$，整个粒子群最好位置 $p_{gd}^0(0)=\frac{1}{N}\sum_{i=1}^{N}x_i^0(0)$，随机产生每个粒子的初始速度 $v_{id}^0(0)$，令当前环境 $t=0$.

步骤2 若 $t \leqslant T$，令 $k=0$，转步骤3；否则，算法终止，输出结果.

步骤3 若 $k \leqslant K$（K 是环境 t 下算法最大迭代次数），对第 k 代粒子群 $\text{pop}^k(t)$ 中的每个粒子 $x_i^k(t)$ 通过定义6.1.1与其迭代前对应的父代粒子 $x_i^{k-1}(t)$ 进行非劣性的比较：

(1) 若 $x_i^k(t) \prec x_i^{k-1}(t)$，取 $x_i^k(t)$ 所在的位置 $x_{id}^k(t)$ 为粒子 $x_i^{k-1}(t)$ “飞行”后找到的最优位置 $p_{id}^k(t)$，即 $p_{id}^k(t)=x_{id}^k(t)$.

(2) 若 $x_i^{k-1}(t) \prec x_i^k(t)$， 则令 $p_{id}^k(t)=x_{id}^{k-1}(t)$（$x_{id}^{k-1}(t)$ 为粒子 $x_i^{k-1}(t)$ 所在位置），同时把 $\text{pop}^k(t)$ 中序值为1的粒子存储在一个临时存储器 $c^k(t)$.

步骤4 对 $c^k(t)$ 中的所有粒子按其第 $i(1 \leqslant i \leqslant n)$ 个分量由大到小进行排序，并取距 $x_i^k(t)$ 的第 i 个分量距离最大的一个粒子所在的位置（不妨记为 $p_{gd}^k(t)$）作为整个粒子群目前找到的最好位置.

步骤5 对 $\text{pop}^k(t)$ 中每个粒子 $x_i^k(t)(i=1,2,\cdots,n)$，把步骤3中得到的最好位置 $p_{id}^k(t)$ 及在步骤4中得到的整个粒子群的最好位置 $p_{gd}^k(t)$ 代入PSO的“速度-位置”公式更新粒子 $x_i^k(t)$ 的速度和位置，这样，经迭代后产生的所有粒子新位置组成一个过度粒子群 $\text{pop}^*(t)$，同时用 $\text{pop}^*(t) \cup c^k(t)$ 中序值为1的个体替换临时存储器 $c^k(t)$ 中的个体生成新的储存器 $c^{k+1}(t)$.

步骤6 对 $\text{pop}^*(t) \cup c^{k+1}(t)$ 中个体执行适时变异生成下一代粒子群 $\text{pop}^{k+1}(t)$.

步骤7 随机生成当前环境下变量维数值 $d(t)$，启用环境变化判断规则，若此时环境未发生变化，令 $k=k+1$，转步骤3；若此时环境发生改变，令 $t=t+1$，随机产生 N 个个体组成初始粒子群，转步骤2.

6.3 算 法 分 析

从PSO算法的数学模型知，在固定环境 t 下，PSO算法中每个粒子在搜索空间中的“飞行”方向主要由粒子所经历的最好位置 p_{id}^k 和群体所经历的最好位置 p_{gd}^k 决定.

另外，从DMPSO算法的步骤3、步骤4中可以看出，对 p_{id}^k， p_{gd}^k 的选取方式使得每个粒子在“飞行”时的方向各不相同，每个粒子都将移向Pareto最优解区域中不同的解，这样最终会使整个群体分散于非劣最优解的整个区域，避免了收敛于非劣解集的局部区域. 同时算法DMPSO对群体进行了适时变异并将生成的序值为1的粒子进行不断迭代分档存优，这样既能有效的维护群体的多样性，又可促使所得Pareto最优解不断向Pareto前沿面移动，使得最终获得不同环境下的Pareto最优解在Pareto前沿面上分布更广、更均匀.

6.4 数 值 仿 真

为测试算法DMPSO的性能，本节用DMPSO和文献口已有的两种多目标进化算法SPEAII[23] 和NSGAII[24] 对三个动态多目标优化函数进行求解．在测试中，问题的环境总数 $n_t=5$，为减少随机性对算法性能的影响，三种算法均采用实数编码，且算法对每个测试函数独立运行20次，种群规模 $N=350$ ，NSGAII的优秀个体保存集、SPEAII的记忆集及DMPSO的外部存储集规模取为100，参与比较的算法的其他参数取自相应文献，测试中所用的函数如下．

DMO1:

$$
\begin{cases}
\min f(x,t)=(f_1(x,t),f_2(x,t)),\\
\text{s.t.}\quad f_1(x,t)=(t+\varepsilon)\cdot\sum_{i=1}^{d(t)}x_i^2,\\
f_2(x,t)=(1-t+\varepsilon)\cdot\sum_{i=1}^{d(t)}(x_i-2)^2,\\
x=(x_1,x_2,\cdots,x_{d(t)}),\quad x_i\in[0,\ 2],\quad t=\dfrac{1}{n_t}\left\lfloor\dfrac{\tau}{\tau_T}\right\rfloor.
\end{cases}
$$

该函数是构造的一个时间取值于离散空间，自变量维数 $d(t)$ 可变化的两个目标动态优化函数，ε 是取定的任意正数（$\varepsilon=0.2$）．对于DMO1，其Pareto最优解集 $P_S(t)$ 随时间的变化保持不变，而Pareto前沿面 $P_F(t)$ 随时间的变化发生改变． τ 表示到目前为止算法总的迭代次数，τ_T 表示环境 t 时算法的迭代次数，n_t 表示设定的环境总数，$d(t)$ 是1到5之间的随机整数．

DMO2:

$$
\begin{cases}
\min f(x,t)=(f_1(x_I,t),f_2(x,t)),\\
\text{s.t.}\quad f_1(x_{\mathrm{I}},t)=x_1,\quad f_2(x,t)=g(x_{\mathrm{II}},t)\cdot\left(1-\sqrt{\dfrac{f_1}{g}}\right),\\
\qquad g(x_{\mathrm{II}},t)=1+\sum\limits_{x_i\in x_{\mathrm{II}}}(x_i-H(t))^2,\quad H(t)=\sin(0.5\pi t),\quad x=(x_{\mathrm{I}},x_{\mathrm{II}}),\\
\qquad x_{\mathrm{I}}=(x_i)\in[-1,1],\quad x_{\mathrm{II}}=(x_2,x_3,\cdots,x_{d(t)})\in[-1,1],\quad t=\dfrac{1}{n_t}\left\lfloor\dfrac{\tau}{\tau_T}\right\rfloor.
\end{cases}
$$

此函数与文献[17]中的FDA1较为相似，不同之处是把其自变量维数升级为可变维的，且随着 t 的变化，其Pareto最优解集 $P_S(t)$ 发生改变，而Pareto前沿面 $P_F(t)$ 不发生变化． τ ，τ_T 和 n_t 与上例定义相同，$d(t)$ 是[26,30]之间的随机整数．

DMO3:

$$\begin{cases} \min f(x,t) = (f_1(x,t), f_2(x,t), \cdots, f_m(x,t)), \\ \text{s.t.} \quad f_1(x,t) = (1+g(x_{\mathrm{II}},t))\prod_{i=1}^{m-1}\cos(\frac{x_i\pi}{2}), \\ f_k(x,t) = (1+g(x_{\mathrm{II}},t))(\prod_{i=1}^{m-k}\cos(\frac{x_i\pi}{2})\sin(\frac{x_{m-k+1}\pi}{2}), \\ f_m(x,t) = (1+g(x_{\mathrm{II}},t))\sin(\frac{x_i\pi}{2}), g(x_{\mathrm{II}}) = \sum_{x_i \in x_{\mathrm{II}}}(x_i - H(t)), \\ H(t) = |\sin(0.5\pi t)|, \quad x = (x_{\mathrm{I}}, x_{\mathrm{II}}), \quad x_{\mathrm{II}} = (x_m, \cdots, x_{d(t)}), \quad x_i \in [-1,1], \\ i = 1,2,\cdots,d(t), \quad |x| = d(t), \quad k = 2,3,\cdots,m-1, \quad t = \frac{1}{n_t}\left\lfloor \frac{\tau}{\tau_T} \right\rfloor. \end{cases}$$

该函数是与文献[25]中FDA4相似的优化函数，其不同之处是该函数的自变量维数随时间发生改变．另外，其Pareto最优解集 $P_S(t)$ 、Pareto前沿面 $P_F(t)$ 随时间的变化发生变化，其中，τ ，τ_T ，n_t 和 $d(t)$ 与DMO2中定义相同，且 $m=2$ ．

对上述每个测试函数，算法首先随机产生问题的5个环境（$n_t=5$）、各个环境下的时间取值、自变量维数值及各环境下的内循环最大代数 τ_T （见表6.4.1）．

表 6.4.1　随机产生的环境及相应的参数值

随机生成的环境总数			对应问题的时间取值			自变量的维数值			内循环的最大代数		
DMO1	DMO2	DMO3	DMO1	DMO2	DMO3	DMO1	DMO2	DMO3	DMO1	DMO2	DMO3
	a		0.2		0.2	1	26		100	400	450
	b		0.3		0.4	2	27		140	500	600
	c		0.5		0.5	3	28		190	650	700
	d		0.6		0.6	4	29		200	750	800
	e		0.8		0.7	5	30		220	900	950

图6.4.1绘制了三种算法在一次典型运行后所得问题DMO1～DMO3前4个环境的非劣解在目标空间中的位置(Pareto front)，这里，为了易于观察，在环境 b,c,d 下，对DMO2的第二个目标函数 $f_2(x,t)$ 分别增加0.5，1.0和1.5．

图6.4.2统计了算法对DMO1～DMO3所得Pareto最优解的覆盖率 C_r 值，其中，1, 2, 3依次代表算法SPEAII，NSGAII和DMPSO．Cr(i,j) 表示 $C_r(i,j)$ ，$i,j=1,2,3$ ．图6.4.3给出了三种算法对DMO1～DMO3所得的Pareto最优解的收敛率 C_o 值．图6.4.4给出了三种算法对DMO1～DMO3所得Pareto最优解的均匀分布率 U_r 值．

从图6.4.1可以看出，算法DMPSO在整个环境中所得问题的Pareto前沿面基本位于其他两种比较算法所得Pareto前沿面的左下方，且解的数量较多，分布均匀．另外，从图6.4.2统计的覆盖率 C_r 值可知，$C_r(3,j) > C_r(j,3)$ ，$j=1,2$ ，这表明算法

DMPSO所得问题的Pareto最优解比其他两种比较算法所得解的质量好.

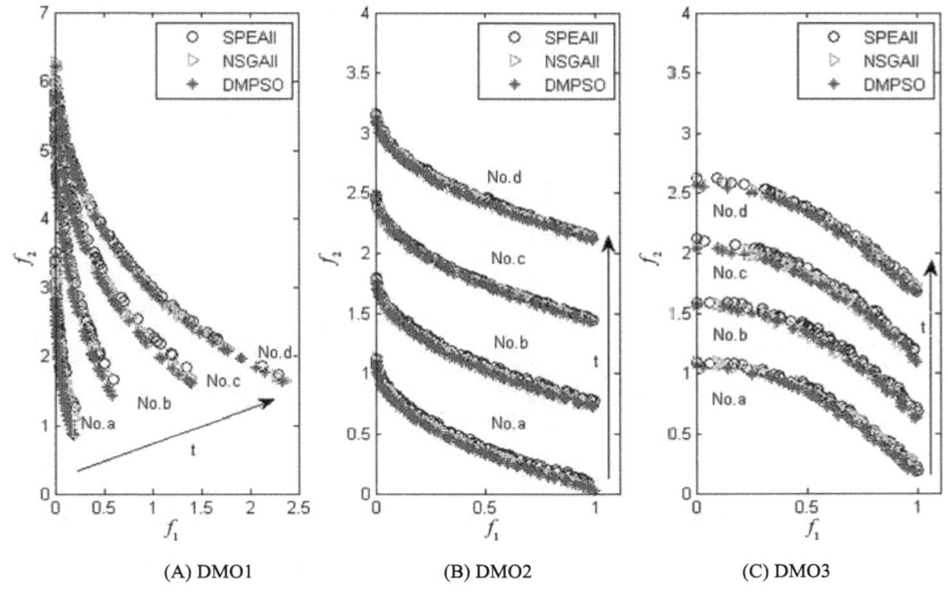

(A) DMO1　　(B) DMO2　　(C) DMO3

图 6.4.1　SPEAII，NSGAII和DMPSO对DMO1～DMO3在一次典型运行中求得的Pareto前沿面

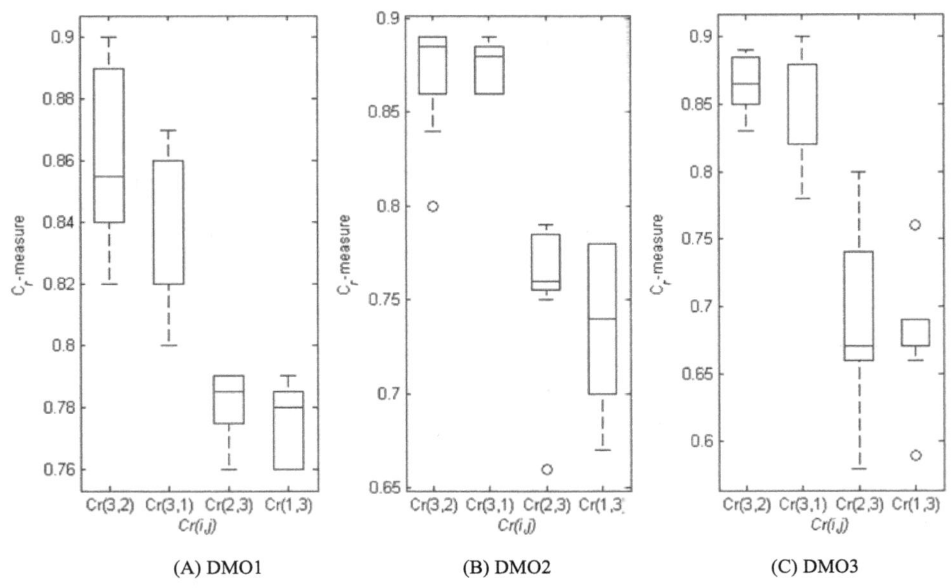

(A) DMO1　　(B) DMO2　　(C) DMO3

图 6.4.2　SPEAII，NSGAII和DMPSO对DMO1～DMO3求得的C_r值

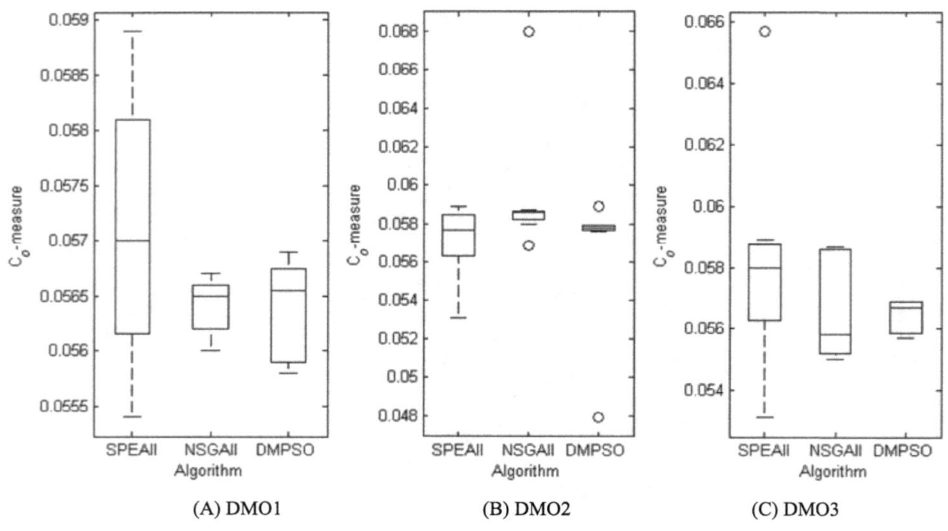

(A) DMO1 (B) DMO2 (C) DMO3

图 6.4.3 SPEAII，NSGAII和DMPSO对DMO1～DMO3求得的C_o值

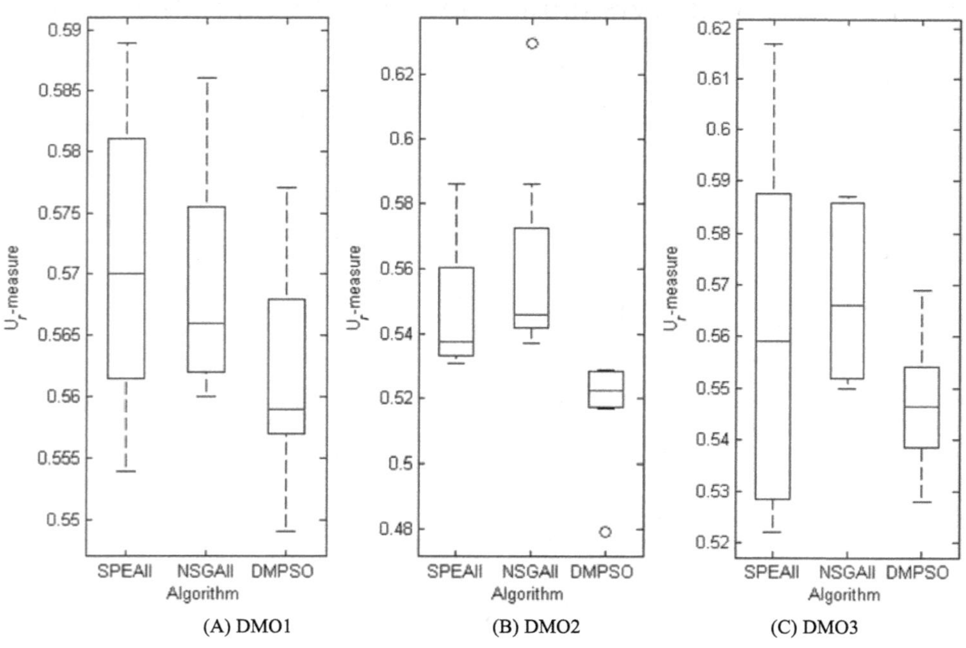

(A) DMO1 (B) DMO2 (C) DMO3

图 6.4.4 SPEAII，NSGAII和DMPSO对DMO1～DMO3求得的U_r值

从图6.4.3可知，算法DMPSO对DMO1～DMO3所得Pareto最优解的收敛率 C_o 值与其他两种比较算法的结果较为接近，彼此有好有坏，其值分布在小区间 $[0.048, 0.068]$ 上，且误差 $\omega \leqslant 0.02$. 这表明三种算法对每一个测试函数都是收敛的，即它们在每一次执行中都能找到问题的Pareto最优解集.

从图6.4.4统计的均匀分布率 U_r 值可知，算法DMPSO所求问题的Pareto最优解 U_r 值比其他两种算法的结果要小，这表明算法DMPSO所求问题的Pareto最优解在目标空间中的分布比其他两种算法所得解的分布均匀.

因此，从以上分析可以得出如下结论：

(1) 算法 DMPSO 具有比算法 SPEAII、NSGAII 更好地跟踪环境变化的能力.

(2) 算法 DMPSO 在变化的环境所得问题的 Pareto 最优解数量较多，且在 Pareto 前沿面上分布的均匀性较好.

6.5　本 章 小 结

本章研究了时间（环境）定义在正有理数空间□ ¯ 上、自变量的维数随环境可发生变化的一类动态多目标优化问题（DDMOP）的粒子群优化（particle swarm optimization，PSO）算法，最后的计算机仿真表明，本章所给算法时有效的.

参 考 文 献

[1] Kennedy J, Eberhart R. Particle swarm optimization. Proceedings of IEEE International Conference on Neural Networks, Volume IV, Perth, Australia, IEEE Service Center, Piscataway, N. J.，1995：1942-1948.

[2] Carlisle A, Dozier G. Adapting particle swarm optimization to dynamic environments. Proceedings of ICAI, 2000.

[3] Clerc M, Kennedy J. The particle swarm explosion, stability, and convergence in a multidimensional complex space. IEEE Trans. on Evolutionary Computation, 2002, 6(1): 58-73.

[4] Eberhart R, Hu X. Human tremor analysis using particle swarm optimization. Proceedings of Congress on Evolutionary Computation, Washingon, D. C, 1999：1927-1930.

[5] Fukuyama Y, Yoshida H A. Particle swarm optimization for reactive power and voltage control in electric power systems. Proceedings of Congress on Evolutionary Computation, Seoul, Korea, 2001.

[6] Eberhart R, Shi Y H. Particle swarm optimization: Development, applications and resources.

Proceedings of Congress on Evolutionary Computation, Seoul, Korea, 2001.

[7] Carlisle A, Dozier G . Tracking changing extreme with particle swarm optimization. Proceedings of ICAI, 2001.

[8] Angeline P J. Using selection to improve particle swarm optimization. IEEE International Conference on Evolutionary Computation, Anchorage, Alaska, 1998.

[9] Suganthan P N. Particle swarm optimization with neighborhood operator. Proc. of the IEEE Congress of Evolutionary Computation, 1999, 1958-1964.

[10] Moore J, Chapman R. Application of particle swarm to multi-objective optimization. Dept. Comput. Sci. Software Eng, Auburn Univ., 1999.

[11] Ray T, Liew K M. A swarm metaphor for multiobjective design optimization. Engineering Optimization, 2002, 34(2): 141-153.

[12] Parsopoulos K E, Vrahatis M N. Particle swarm optimization method in multi-objective problems. Proceedings of the 2002 ACM Symposiumon Applied Computing (SAC'2002), 2002: 603-607.

[13] Hu X, Eberhart R C, Shi Y. Particle swarm with extended memory for multi-objective optimization. Proc. 2003 IEEE Swarm Intelligence Symp. Indianapolis, IEEE Press, 2003: 193-197.

[14] Coello CA, Coello M, Salazar L . MOPSO: A proposal for multiple objective particle swarm optimization. Congress on Evolutionary Computation（CEC'2002）. Volume I, Piscataway. New Jersey, IEEE Press, 2002: 1051-1056.

[15] Fieldsend J E, Singh S. A multiobjective algorithm based upon particle swarm optimization: An efficient data structure and turbulence. Proc. 2002 U.K. Workshop, Computational Intelligence, Birmingham, U.K., 2002：37-44.

[16] Mostaghin S, Teich J. Strategies for finding good local guides in multiobjective particle swarm optimization (MOPSO). Proc. 2003 IEEE Swarm Intelligence Symp., Indianapolis, IN, 2003: 26-33.

[17] Li X. A non-dominated sorting particle swarm optimizer for multiobjective optimization. Proc. of Genetic and Evolutionary Computation-GECCO 2003, Part I, LNCS 2723, Springer, 2003: 37-48.

[18] 张利彪，周春光等．基于粒子群算法求解多目标优化问题．计算机研究与发展, 2004, 41(7): 1286-1291.

[19] 安伟刚，李为吉．单纯形—多目标粒子群优化方法的混合算法．西北工业大学学报，2004, 22(5): 564-567.

[20] 熊盛武, 刘麟, 王琼等. 改进的多目标粒子群算法. 武汉大学学报(理学版), 2005, 51(3): 308-312.

[21] 李宁, 邹彤, 孙德宝等. 基于粒子群的多目标优化算法. 计算机工程与应用, 2005, 41(23): 43-46.

[22] 曾建潮, 介婧, 崔志华. 微粒群算法. 北京: 科学出版社, 2004.

[23] Zitzler E, Laumanns M, Thiele L. SPEA2: Improving the strength Pareto evolutionary algorithm for multiobjective optimization. Proc. of the Evolutionary Methods for Design, Optimization and Control, Barcelona, Spain, 2002：95-100.

[24] Deb K. A fast and elitist multiobjective genetic algorithm: NSGA-II. IEEE Transactions on Evolutionary Computation, 2002, 6(2): 182-197.

[25] Farina M, Deb K, Amato P. Dynamic multi-objective optimization problems: Test cases, approximation, and applications. IEEE Transactions on Evolutionary Computation, 2004, 8(5): 311-326.

第 7 章　基于进化算法求解动态非线性约束优化问题

在许多优化领域，除了存在大量动态多目标优化问题外，还有一类复杂的动态单目标优化问题(dynamic simple-objective optimization problems，DSOP)[1~4]，对于 DSOP，目前研究最多的是动态单目标无约束优化问题（dynamic simple objective unconstrained optimization problems，DSUCOP）[5~15]，而对动态单目标非线性约束优化问题（dynamic simple objective nonlinear constrained optimization problems，DSNCOP）的研究成果还不多[16,17]．其主要困难在于当时间（环境）发生变化时，如何处理问题的约束及有效跟踪环境的改变并求出不同环境下问题的最优解（或近似最优解)．本章给出了求解随时间连续变化的 DSNCOP 的一种优化模型及求解的多目标进化算法．最后的实验结果对比表明，新算法对带约束的动态非线性优化问题的求解非常有效．

7.1　问题及相关概念

不失一般性，考虑下列动态单目标非线性约束优化问题（DSNCOP）

$$\begin{cases} \min\limits_{x\in\Omega(t)\subseteq[L,U]} f(x,t), \\ \text{s.t.}\quad g_i(x,t)\leqslant 0,\quad i=1,\cdots,p, \end{cases} \tag{7.1.1}$$

其中，$t\in[a,b]\subset\mathbb{R}$ 是时间（环境）变量，$x=(x_1,x_2,\cdots,x_n)^{\mathrm{T}}$ 是 $\mathbb{R}^n$ 空间上的 n 维决策向量，$g_i(x,t)\leqslant 0(i=1,2,\cdots,p)$ 是依赖 t 的 p 个约束，$f(x,t):\mathbb{R}^n\times\mathbb{R}\to\mathbb{R}$ 是目标函数．由约束条件确定的决策向量的取值范围

$$\Omega(t)=\{x\mid g_i(x,t)\leqslant 0, i=1,2,\cdots,p\}, \tag{7.1.2}$$

称为可行域．

$$[L,U]=\{x=(x_1,x_2,\cdots,x_n)^{\mathrm{T}}\mid l_i\leqslant x_i\leqslant u_i, i=1,2,\cdots,n\} \tag{7.1.3}$$

是搜索空间．等式约束 $h_k(x,t)=0$ 等价于 $h_k^2(x,t)\leqslant 0(k=1,2,\cdots,l)$，因此，含有

等式约束的 DSNCOP 均可转化为（7.1.1）的形式.

定义 7.1.1　在固定环境 t 下，若 $\exists x^* \in \Omega(t)$，使得 $\forall x \in \Omega(t)$，都有 $f(x^*, t) \leqslant f(x,t)$ 成立，则称 x^* 是问题（7.1.1）在环境 t 时的最优解，$f(x^*,t)$ 为问题(7.1.1)在环境 t 时的最优值.

7.2　动态非线性约束优化问题数学模型

一般而言，随时间连续缓慢变化的动态优化问题的最优解也随时间连续而缓慢变化[1~2,18]，因此，对于此类动态优化问题，求解实数域□ 中每一个连续时刻的最优解是相当困难的.

类似第 3 章对动态多目标优化问题的时间变量处理方法，本章把 DSNCOP 的连续时间变量区间 $[a,b]$ 等分成许多不同子区间 $[t_{i-1},t_i]$，$i=1,2,\cdots,n$，由于式（7.1.1）的目标函数 $f(x,t)$ 和约束函数 $g_i(x,t)(i=1,\cdots,p)$ 关于 t 连续，所以，定义在每个连续子区间 $[t_{i-1},t_i]$ 上的 DSNCOP 可以近似的看做是该区间上取定某点 t_j 处的一个静态优化问题. 这样，原来随时间连续缓慢变化的 DSNCOP 就被近似地转化为许多静态单目标非线性约束优化问题，即

$$\begin{cases} \min\limits_{x\in\Omega(t_j)\subseteq[L,U]} f(x,t_j), \\ \text{s.t.}\quad g_i(x,t_j)\leqslant 0, \quad i=1,\cdots,p, \end{cases} \tag{7.2.1}$$

其中，$t_j(j=1,\cdots,n)$ 是取定的环境，$f(x,t_j)$ 等价于固定环境 t_j 时问题（7.1.1）的目标函数，其余参数与原问题（7.1.1）相同.

对优化问题（7.2.1）中包含的每一个静态约束优化问题，对其求解的最大困难在于约束的处理，由目前处理静态约束优化的技术知，一般利用罚函数法、梯度法等把其转化为无约束优化问题进行求解[19,20]，可是这些方法对函数的解析性质要求较强. 因此，借鉴多目标优化的思想[21,22]，把上式（7.2.1）中的每个静态约束优化问题的约束条件加入到要优化的目标函数中去，构成一个双目标优化问题. 不妨设对第 j 个环境 $t_j(j=1,\cdots,n)$，令

$$f_1(x,t_j)=f(x,t_j), \tag{7.2.2}$$

$$f_2(x,t_j)=\max_{i\in\{1,2,\cdots,p\}}\{0,g_i(x,t_j)\}, \tag{7.2.3}$$

这里 $f(x,t_j)$ 表示在环境 t_j 时原优化问题（7.1.1）的目标函数. 显然，在环境 t_j，$\forall x\in[L,U]$，有 $f_2(x,t_j)\geqslant 0$ 成立，且当 $f_2(x,t_j)=0$ 时，$x\in\Omega(t_j)$. 因此，只要

$f_2(x,t_j)=0$，那么必有问题(7.1.1)的所有约束都小于等于零，也就是说，对 $f_2(x,t_j)$ 极小化的过程实质就是试图寻找点 x，使其满足（7.1.1）的所有约束条件. 因此，对于环境 $t_j(j=1,\cdots,n)$ 时的优化问题（7.2.1），可把其转化为如下两个目标的优化问题

$$F(x,t_j)=\min_{x\in\Omega(t_j)\subseteq[L,U]}(f_1(x,t_j),f_2(x,t_j)),\quad j=1,\cdots,n\,. \tag{7.2.4}$$

从式（7.2.4）可以看出，在环境 t_j 下，对其第一个目标函数极小化意味着寻找问题（7.1.1）的最优解且使问题（7.1.1）的目标函数达最小，而问题（7.2.4）的第二个目标函数是取问题（7.1.1）所有约束中违反量最大的约束函数值与零的最大值. 因此，对这两个目标同时极小化就是要寻找既满足所有约束又使 $f_1(x,t_j)=f(x,t_j)$ 达最小的点，即原动态约束优化问题（7.1.1）在环境 t_j 下的最优解. 下面给出问题（7.1.1）与（7.2.4）的解之间的一个等价关系.

定义 7.2.1[23] 一个向量 $u=(u_1,u_2,\cdots,u_m)^{\mathrm{T}}$ 称为弱非劣于(weakly dominates), 另一个向量 $v=(v_1,v_2,\cdots,v_m)^{\mathrm{T}}$，当且仅当 $\forall i\in\{1,2,\cdots,m\}$, $u_i<v_i$，记做 $u\circ v$.

定义 7.2.2[23] 设 $x^*\in[L,U]$，若 $x\in[L,U]$，使得 $F(x,t_j)\prec F(x^*,t_j)$ $(F(x,t_j)\circ F(x^*,t_j))$ 成立，则称 x^* 是问题（7.2.4）的有效解（弱有效解）. 所有有效解（弱有效解）构成的集合称为有效解集（弱有效解集），有效解（弱有效解）也称为非劣解（弱非劣解）或 Pareto 最优解（弱 Pareto 最优解）.

固定环境 t_j，设问题(7.2.4)的有效解集为 $P_S(t_j)$，弱有效解集为 $P_S^{\omega}(t_j)$，则问题（7.1.1）与（7.2.4）的解有如下关系成立：

定理 7.2.1 x^* 是问题（7.1.1）在固定环境 t_j 下的最优解的充要条件是 $x^*\in\Omega(t_j)\bigcap P_S^{\omega}(t_j)$，且 $f(x^*,t_j)=f_1(x^*,t_j)=\min\limits_{x\in\Omega(t_j)}f_1(x,t_j)$.

证明 充分性. 显然成立.

必要性. 因 x^* 是问题（7.1.1）在环境 t_j 时的最优解，故 $x^*\in\Omega(t_j)$ 且 $f(x^*,t_U)=f_1(x^*,t_j)=\min\limits_{x\in\Omega(t_j)}f_1(x,t_j)$，$f_2(x^*,t_j)=0$. 若设 $x^*\notin P_S^{\omega}(t_j)$，则存在点 $\overline{x}\in[L,U]$，使得 $f_i(x^*,t_j)>f_i(\overline{x},t_j)(i=1,2)$ 成立，即 $f_2(\overline{x},t_j)<f_2(x^*,t_j)=0$，又由 $f_2(x,t_j)$ 的定义知，$\forall x\in[L,U]$，有 $f_2(x,t_j)\geqslant 0$. 故 $f_2(\overline{x},t_j)\geqslant 0$，这与 $f_2(\overline{x},t_j)<0$ 矛盾，所以必要性成立.

定理 7.2.1 表明在环境 t_j 下，问题（7.1.1）的最优解等价于在问题（7.1.1）的可行域和问题（7.2.4）的弱有效解集的交集中寻找使问题（7.2.4）的第一个目标函数值达最小的解. 因此，当环境遍历所有 $t_j(j=1,2,\cdots,n)$ 时，得到每个环境下既

满足（7.1.1）的约束，又使问题（7.2.4）的第一个目标函数值达到最小的解就近似地看做是动态约束优化问题（7.1.1）的最优解.

7.3　动态多目标优化进化算法

7.3.1　杂交算子

固定环境 t_j，在种群 $\mathrm{pop}(t_j)$ 中选取原约束优化问题（7.1.1）的任意一个可行点 x，另外从 $\mathrm{pop}(t_j)$ 中随机选取一个点 y，以这两个点为父代按照下列方式进行杂交：

（1）求以点 $o=\frac{x+y}{2}$ 为中心，以 $d=\|x-y\|_2$ 为直径的超球体.

（2）采用文献[27]中的均匀设计方法求出超球体中均匀分布的 s 个点集 Q，令 $S_{\mathrm{cons}}=\{x\mid f_2(x,t_j)=0,\forall\, x\in Q\}$.

（3）从 Q 中按下列方式选出两个最好的点作为 x 和 y 的杂交后代.

a）若 $|S_{\mathrm{cons}}|\geqslant 2$，则以 $f_1(x,t_j)$ 为标准，在 Q 中选取使 $f_1(x,t_j)$ 的值最小的两个点.

b）若 $|S_{\mathrm{cons}}|=1$，则保留该点，并在 Q 中剩余的 $s-1$ 个点中选出使得 $f_2(x,t_j)$ 函数值最小的点.

c）若 $|S_{\mathrm{cons}}|=\varnothing$，则在 Q 中选取前两个使得 $f_2(x,t_j)$ 函数值最小的点.

若种群 $\mathrm{pop}(t_j)$ 中无可行点，则在 $\mathrm{pop}(t_j)$ 中任取两个点作为父代对其进行上述操作，不过这种情况在进化后期出现的概率很小.

对于此杂交算子，以至少一个原问题的可行点作为父代点，保证了杂交后代的位置离可行域不是很远. 这样，以兼顾目标函数和约束条件的杂交方法使得新产生的点既保持了种群的多样性，又保证了子代点的质量.

7.3.2　变异算子

固定环境 t_j，若个体 $x=(x_1,x_2,\cdots,x_n)^{\mathrm{T}}$ 被选择变异，则 x 经变异产生的后代记为 $\bar{x}=x+\Delta\Theta$，其中 $\Delta\Theta=N(0,\sigma^2),\cdots,(N(0,\sigma_1^2),\cdots,N(0,\sigma_n^2))^{\mathrm{T}}$，即服从均值为 $0=(0,\cdots,0)^{\mathrm{T}}$，方差为 $\sigma^2=(\sigma_1^2,\cdots,\sigma_n^2)^{\mathrm{T}}$ 的 n 维正态分布，$\sigma_i=1$，$i=1,\ 2,\cdots,n$.

7.3.3　新的进化算法（DNEA）流程

步骤 1　对 DSNCOP 的连续时间变量区间 $[a,b]$ 进行等区间分割，不妨设划

分为 $a=t_0<t_1<t_2<\cdots<t_{n-1}<t_n=b$，同时取 n 个不同环境 t_j ($t_j\in[t_{i-1},t_i], i,j=1, 2,\cdots,n$), 令 $j=1$.

步骤 2　环境 t_j，在搜索空间 $[L,U]$ 上以均匀分布产生规模 N 的初始种群 $\text{pop}^0(t_j)$，令 $k=0$.

步骤 3（杂交）　环境 t_j，以杂交概率 p_c 从第 k 代种群 $\text{pop}^k(t_j)$ 中选取父代对 (x,y) 按照 7.3.1 的杂交方式进行杂交产生其后代，没有参与杂交的父代看成自己的后代，所有后代的集合记为 $c^k(t_j)$.

步骤 4（变异）　对步骤 3 产生的每个后代，利用变异算子对其进行变异，变异后代的集合记为 $\overline{p}^k(t_j)$.

步骤 5（选择）　对 $\text{pop}^k(t_j)\cup c^k(t_j)\cup\overline{p}^k(t_j)$ 中的个体按其序值从小到大进行排序，选取前 N 个个体组成下一代种群 $\text{pop}^{k+1}(t_j)$，同时保留 $\text{pop}^k(t_j)$ 中的最优个体 $x^*=\arg\min\limits_{\forall x\in \text{pop}^k(t_j)\cap\Omega(t_j)} f_1(x,t_j)$.

步骤 6　如果终止条件满足，输出 $x^*=\arg\min\limits_{\forall x\in \text{pop}^{k+1}(t_j)\cap\Omega(t_j)} f_1(x,t_j)$，转步骤 7；否则，转步骤 3.

步骤 7　如果 $j=n$，算法终止；否则，令 $j=j+1$，转步骤 2.

7.4　收敛性分析

本节利用概率论的知识，对本章算法 DNEA 的收敛性进行证明，首先引入概率论中的几个重要概念[24].

定义 7.4.1　设 $\{\xi_k\}$ 是概率空间 $\{\Omega,F,P\}$ 上的随机变量序列，若存在随机变量 ξ，$\forall\varepsilon>0$，有

$$\lim_{k\to\infty}P\{\|\xi_k-\xi\|<\varepsilon\}=1 \tag{7.4.1}$$

成立，则称随机变量序列 $\{\xi_k\}$ 依概率收敛于随机变量 ξ .

定义 7.4.2　设 $\{\xi_k\}$ 是概率空间 $\{\Omega,F,P\}$ 上的随机变量序列，若存在随机变量 ξ，有

$$P\{\lim_{k\to\infty}\xi_k=\xi\}=1, \tag{7.4.2}$$

或者，$\forall\varepsilon>0$，有

$$P\{\bigcap_{t=1}^{\infty}\bigcup_{k\geqslant t}\{\|\xi_k-\xi\|\geqslant\varepsilon\}=0, \tag{7.4.3}$$

则称随机变量序列 $\{\xi_k\}$ 以概率 1 收敛于随机变量 ξ .

引理 7.4.1（Borel-Cantelli 引理）　设 $A_1, A_2, \cdots$ 是概率空间上的随机事件序列，令 $p_k = P\{A_k\}, k=1,2,\cdots$ ，若 $\sum_{k=1}^{\infty} p_k < \infty$ ，则

$$P\{\bigcap_{t=1}^{\infty}\bigcup_{k\geqslant t} A_k\} = 0; \tag{7.4.4}$$

若 $\sum_{k=1}^{\infty} p_k = \infty$ ，且 A_1 ，A_2 ，$\cdots$ ，A_k ，$\cdots$ 相互独立，则

$$P\{\bigcap_{t=1}^{\infty}\bigcup_{k\geqslant t} A_k\} = 1. \tag{7.4.5}$$

假设 7.4.1　在固定环境 t_j 下，I：问题（7.2.4）的可行域 $\Omega(t_j) \subset \mathbb{R}^n$ 是有界闭凸集，且 $\forall x \in \Omega(t_j)$ ，x 的任何邻域与 $\Omega(t_j)$ 的交集的 Lebesgue 测度大于零；II：问题（7.2.4）的目标函数 $f_1(x,t_j)$ 在 $[L,U] \supseteq \Omega(t_j)$ 上连续，且 $S_{\text{opt}}^{t_j} = \{x \mid \arg\min_{x\in\Omega(t_j)} f_1(x,t_j)\} \neq \varnothing$.

$\forall \varepsilon > 0$ ，若记

$$Q_1(t_j) = \{x \in \Omega(t_j) \mid f_1(x,t_j) - f_1^*(x,t_j) | < \varepsilon\}; Q_2(t_j) = \Omega(t_j) \setminus Q_1(t_j), \tag{7.4.6}$$

其中，$f_1^*(x,t_j) = \min\{f_1(x,t_j), x \in \Omega(t_j)\}$ ，于是，由算法 DNEA 产生的种群序列 $\{\text{pop}^k(t_j)\}$ 可分为两种状态：

（1）若 $\text{pop}^k(t_j)$ 中至少有一点属于 $Q_1(t_j)$ ，则称 $\text{pop}^k(t_j)$ 处于状态 S_1 ；

（2）若 $\text{pop}^k(t_j)$ 中所有点属于 $Q_2(t_j)$ ，则称 $\text{pop}^k(t_j)$ 处于状态 S_2 .

定理 7.4.1　在环境 t_j 下，设 p_{ij} 表示种群 $\text{pop}^k(t_j)$ 处于状态 S_i ，而种群 $\text{pop}^{k+1}(t_j)$ 处于状态 S_j 的概率 $(i, j = 1,2)$. 在假设 7.4.1 条件下有

(1) 对任意处于状态 S_1 的 $\text{pop}^k(t_j)$ ，必有 $p_{11} = 1$ ；

(2) 对任意处于状态 S_2 的 $\text{pop}^k(t_j)$ ，存在一个常数 $c \in (0,1)$ ，使得 $p_{22} < c$.

证明　在固定环境 t_j 下，从算法 DNEA 的选择方法知，若 $\text{pop}^k(t_j) \in S_1$ ，则 $\text{pop}^{k+1}(t_j) \in S_1$ ，即状态为 S_1 的种群不会进化到状态为 S_2 的种群，因此结论（1）成立.

下面证明结论（2）成立.

在环境 t_j 下，因为 $S_{\text{opt}}^{t_j} \neq \varnothing$，$f_1(x,t_j)$ 在 $\Omega(t_j)$ 上连续，所以对任一全局最优解 $x^* \in S_{\text{opt}}^{t_j}$，$\exists \gamma > 0$，使得 $\forall x \in \Omega(t_j) \cap \{x \mid \|x - x^*\| \leqslant \gamma\}$，有

$$|f_1(x,t_j) - f_1(x^*,t_j)| < \varepsilon / 2 . \tag{7.4.7}$$

若记 $N_\gamma(x^*) = \{x \in \Omega(t_j) \mid \|x - x^*\| \leqslant \gamma\}$, 则

$$N_\gamma(x^*) \cap \Omega(t_j) \subseteq Q_1 . \tag{7.4.8}$$

当种群 $\text{pop}^k(t_j)$ 处于状态 S_2 时，$\forall x \in \text{pop}^k(t_j)$，设 $\overline{x} = x + \Delta\Theta$ 是经算法 DNEA 的步骤 4 产生的后代，其中，$\Delta\Theta = (\Delta\Theta_1, \cdots, \Delta\Theta_n)^{\text{T}}, \cdots, (N(0,\sigma_1^2) \cdots, N(0,\sigma_n^2))^{\text{T}}$（$\Delta\Theta_i$ 表示均值为 0，方差为 σ_i^2 的 n 维 Gauss 正态分布，且其各个分量互相独立）. 因为 $\Delta\Theta_i$ □ $N(0,\sigma_i^2), i = 1,2,\cdots,n$. 于是 $\overline{x} \in N_\gamma(x^*) \cap \Omega(t_j)$ 的概率

$$\begin{aligned} P\{\overline{x} \in N_\gamma(x^*) \cap \Omega(t_j)\} &= P\{(x + \Delta\Theta) \in N_\gamma(x^*) \cap \Omega(t_j)\}, \\ &\leqslant \prod_{i=1}^{n} P\{| x_i + \Delta\Theta_i - x_i^* | \leqslant \gamma\}, \end{aligned} \tag{7.4.9}$$

故有

$$\begin{aligned} P\{\overline{x} \in N_\gamma(x^*) \cap \Omega(t_j)\} &= P\{(x + \Delta\Theta) \in N_\gamma(x^*) \cap \Omega(t_j)\} \\ &\leqslant \prod_{i=1}^{n} \int_{x_i^* - x_i - \gamma}^{x_i^* - x_i + \gamma} \frac{1}{\sqrt{2\pi}\sigma_i} \mathrm{e}^{-\frac{t^2}{2\sigma_i^2}} \mathrm{d}t, \end{aligned} \tag{7.4.10}$$

其中，x_i^*，x_i 分别是 x^*，x 的第 i 个分量. 若记

$$P^*(x) = P\{(x + \Delta\Theta) \in N_\gamma(x^*) \cap \Omega(t_j)\}, \quad x \in \Omega(t_j), \tag{7.4.11}$$

由于 $N_\gamma(x^*) \cap \Omega(t_j)$ 是非空有界闭区域，且其 Lebesgue 测度大于零，所以 $P^*(x) > 0$，由式（7.4.11）知，$P^*(x) < 1$. 因此，

$$0 < P^*(x) < 1, \quad x \in \Omega(t_j). \tag{7.4.12}$$

由于 $\Delta\Theta_i$ 是服从 Gauss 分布的连续随机变量，故由式（7.4.10）和（7.4.11）知，$P^*(x)$ 在 $\Omega(t_j)$ 上是连续的. 又 $\Omega(t_j)$ 为有界闭集，因此，$\exists \overline{y} \in \Omega(t_j)$，使 $P^*(\overline{y}) = \min\{P^*(x) \mid x \in \Omega(t_j)\}$，且

$$0 < P^*(\overline{y}) < 1 . \tag{7.4.13}$$

又因为 p_{21} 表示 $\text{pop}^k(t_j)$ 处于状态 S_2， $\text{pop}^{k+1}(t_j)$ 处于状态 S_1 的概率， 因此， 由式（7.4.5)，（7.4.13）知

$$P^*(\overline{y}) \leqslant P^*(x) \leqslant p_{21}. \tag{7.4.14}$$

记

$$c = 1 - P^*(\overline{y}). \tag{7.4.15}$$

由式（7.4.13）知，$0 < c < 1$．又因为 $p_{21} + p_{22} = 1$，所以由式（7.4.14）和（7.4.15）有

$$c = 1 - P^*(\overline{y}) \geqslant 1 - p_{21} = p_{22}. \tag{7.4.16}$$

于是结论（2）成立．

定理 7.4.2　环境 t_j，设 $\{\text{pop}^k(t_j)\}$ 是由算法 DNEA 产生的种群序列，且初始种群 $\text{pop}^0(t_j)$ 中至少有一点 x 属于 $\Omega(t)$，记 $x_k^* = \arg\min\limits_{x \in \text{pop}^k(t_j) \cap \Omega(t_j)} f_1(x, t_j)$， 则在假设 7.4.1 条件下，种群序列 $\{\text{pop}^k(t_j)\}$ 是以概率 1 收敛到优化问题（7.1.1）的全局最优解，i.e.，

$$P\{\lim_{k \to \infty} f_1(x_k^*, t_j) = f_1(x^*, t_j)\} = 1, \tag{7.4.17}$$

其中， $f_1(x, t_j)$ 与原优化问题（7.1.1）目标函数相同，即 $f_1(x, t_j) = f(x, t_j)$．

证明　$\forall \varepsilon > 0$，记 $p_k = P\{| f_1(x_k^*, t_j) - f_1(x^*, t_j) | \geqslant \varepsilon\}$，则

$$p_k = \begin{cases} 0, & \exists j \in \{1, 2, \cdots, k\}, \text{ s.t. } x_j^* \in Q_1, \\ \overline{p}_k, & x_j^* \notin Q_1, \ j = 1, 2, \cdots, k. \end{cases} \tag{7.4.18}$$

由定理 7.4.1 知

$$\overline{p}_k = P\{x_k^* \notin Q_1, j = 1, 2, \cdots, k\} = p_{22}^k \leqslant c^k, \tag{7.4.19}$$

于是

$$\sum_{k=1}^{\infty} p_k \leqslant \sum_{k=1}^{\infty} c^k = \frac{c}{1-c} < \infty. \tag{7.4.20}$$

由 Borel-Cantelli 引理 7.4.1 知

$$P\{\bigcap_{t=1}^{\infty} \bigcup_{k \geqslant t} \{\| f_1(x_k^*, t_j) - f_1(x^*, t_j) \| \geqslant \varepsilon\} = 0. \tag{7.4.21}$$

因此，由定义 7.4.1 可知，定理 7.4.2 结论成立．

7.5 数值仿真

7.5.1 性能度量指标

为了说明算法 DNEA 的收敛性能及搜索效率，本节引入两种性能度量指标函数 Accuracy（Acc）[25]和 Adaptability（Ada）[25]，其中，Acc 值指的是算法在各个环境下的最后一代群体中的个体最小函数值和相应环境下函数理论最小值之差的平均值，它是算法在每个环境内所得最好值和理论最小值的平均误差，一般可用来度量算法跟踪环境变化的能力及各环境下的收敛性，其定义为

$$\mathrm{Acc}=\frac{1}{T}\sum_{i=1}^{T}(f_{t_j}^{*}-f_{t_jK_{t_j}}^{\min}), \tag{7.5.1}$$

其中，T 为环境总数，$f_{t_j}^{*}$ 为第 t_j 个环境问题的理论最小值，K_{t_j} 为第 t_j 个环境的总迭代次数，$f_{t_jK_{t_j}}^{\min}$ 是第 t_j 个环境最后一代群体的最小值.

Ada 值指的是在各环境下，算法所获得每代群体的最小函数值与该环境理论最小值之差的平均值，它是算法在每代所得最好值和理论最小值的平均误差，可用于测试算法的搜索效率．其定义为

$$\mathrm{Ada}=\frac{1}{T}\sum_{i=1}^{T}\left(\frac{1}{K_{t_j}}\sum_{j=1}^{K_{t_j}}(f_{t_j}^{*}-f_{t_jk}^{\min})\right), \tag{7.5.2}$$

其中，$f_{t_jk}^{\min}$ 是第 t_j 个环境第 k 代所得函数的最小值，其他参数值与式（7.5.1）中定义相同．从式（7.5.1）、式（7.5.2）可知，Acc，Ada 的值越小，算法的性能越好．若 $\mathrm{Acc}=0$，则算法能搜索到每个环境下问题的理论最小值；若 $\mathrm{Ada}=0$，则表明在各个环境下，算法每代均能求得问题的理论最小值.

7.5.2 测试函数

为了验证算法 DNEA 的有效性，本章采用 4 个优化函数对其性能进行测试，其中 DST1□DST2 选自文献[26]，DST3 和 DST4 是分别借助文献[27]函数 $g06$ 和文献[28]中的约束优化问题构造的.

测试函数 DST1：

$$\begin{cases}\min f(x,t)=(1-0.01t)\sum_{i=1}^{n}x_i^2+0.01t\sum_{i=1}^{n}(x_i-2)^2,\\ \text{s.t.}\quad -2\leqslant x_1,x_2\leqslant 2;\quad 0\leqslant t\leqslant 100;\quad n=2.\end{cases}$$

测试函数 DST2：

$$\begin{cases}\min f(x,t)=(1-0.0001t^2)\sum_{i=1}^{n}x_i^2+0.0001t^2\sum_{i=1}^{n}(x_i-2)^2,\\ \text{s.t.}\quad -2\leqslant x_1,x_2\leqslant 2;\quad 0\leqslant t\leqslant 100;\quad n=2.\end{cases}$$

测试函数 DST3：

$$\begin{cases}\min f(x,t)=t(x_1-10)^2+(1-t)(x_2-20)^2,\\ \text{s.t.}\quad g_1(x,t)=(1-0.2t)(x_1-5)^2+0.2t(x_2-5)^2-100\geqslant 0,\\ g_2(x,t)=0.2t(x_1-6)^2+(1-0.2t)(x_2-5)^2-82.81\leqslant 0,\\ 13\leqslant x_1\leqslant 100;\quad 0\leqslant x_2\leqslant 100;\quad t\in[0,1].\end{cases}$$

测试函数 DST4：

$$\begin{cases}\min f(x,t)=t(x_1^2+x_2-1)^2+(1-t)(x_1+x_2^2-7)^2,\\ \text{s.t.}\ g_1(x,t)=4.84-(1-0.1t)x_1^2-0.1t(x_2-2.5)^2\geqslant 0,\\ g_2(x,t)=0.1t(x_1-0.05)^2+(1-0.1t)(x_2-2.5)^2-4.48\geqslant 0,\\ 0\leqslant x_1\leqslant 6;\quad 0\leqslant x_2\leqslant 6;\quad t\in[0,1].\end{cases}$$

7.5.3 测试结果

记本文算法为 DNEA，同时取参与比较的两种算法为 PDGA[29]，CEGA[30]， 为了减少随机性对算法性能的影响，在环境 $t_j\ (j=1,\cdots,n)$ 下，各个算法对每个测试函数独立运行 20 次，每次运行，若连续 30 代最好解没有改变，算法转到下一个新的环境．种群规模 $N=200$，杂交概率 $p_c=0.7$，变异概率 $p_m=0.05$．对测试函数 DST1 和 DST2，把其连续时间变量区间[0,100]等分成不同小区间， 取 11 个不同的环境 $t=0,10,20,30,40,50,60,70,80,90,100$．对测试函数 DST3 和 DST4，把其连续时间变量区间[0,1]等分为不同区间，取 8 个不同环境 $t=0,0.15,0.3,0.45,0.6,0.75,0.9,1.0$．

表 7.5.1 统计了算法对 DST1～DST4 所得 Acc，Ada 值及整个环境运行平均时间（s），图 7.5.1 描绘出了三种算法在不同环境经过一次典型运行求得问题的最优解曲线．表 7.5.2～7.5.5 分别给出了三种算法在不同环境下对 DST1～DST4 所得结果的最好值、平均值和最差值．

从表 7.5.1 知，对于 DST1～DST3，算法 DNEA 求得的 Acc 值和 Ada 值均比 PDGA 和 CEGA 求得的结果小，而对于 DST4，虽然 DNEA 求得 Ada 值比 CEGA 结果稍大，但比 PDGA 的结果小，而且 DNEA 所得 Acc 值比 PDGA 和 CEGA 的结果小，在整个环境的平均运行时间上也比 CEGA 用时小．

表 7.5.1　算法对 DST1～DST4 所得 Acc，Ada 值及平均运行时间

算法	DST1			DST2			DST3			DST4		
	Acc	Ada	平均时间	Acc	Ada	平均时间	Acc	Ada	平均时间	Acc	Ada	平均时间
PDGA	2.5421	2.6986	0.5124	2.3533	2.5454	0.4644	3.3478	1.6706	0.8976	3.5441	1.4377	0.7575
CEGA	2.3683	3.3567	0.4587	2.9751	3.3427	0.3950	2.4533	1.1264	0.9863	3.3421	0.9164	0.8762
DNEA	0.0698	0.0914	0.0348	0.0702	0.0934	0.0547	0.4130	0.7843	0.2460	0.3210	0.9353	0.2096

表 7.5.2　算法对 DST1 求得的最好值、最差值及平均值

环境		0	10	20	30	40	50	60	70	80	90	100
最好值	PDGA	0.0512	0.3627	0.6298	0.8390	0.9519	1.0040	0.9591	0.8590	0.6514	0.3627	0.0523
	CEGA	0.0635	0.3790	0.6598	0.8199	0.9914	1.0231	0.9211	0.8494	0.6909	0.3820	0.0654
	DNEA	0.0203	0.3190	0.5898	0.7990	0.9221	0.9700	0.8981	0.7990	0.6098	0.3090	0.0200
最差值	PDGA	0.0674	0.3980	0.7891	0.8998	0.9673	1.2257	1.3421	0.9598	0.9561	0.8690	0.1385
	CEGA	0.0698	0.3931	0.7843	0.8732	0.9989	1.3427	1.2261	1.1492	0.8945	0.7829	0.1298
	DNEA	0.0335	0.3328	0.5993	0.8191	0.9468	0.9932	1.0901	0.9193	0.7438	0.5054	0.0804
平均值	PDGA	0.0632	0.3876	0.6479	0.8678	0.9587	1.1353	1.1593	0.8784	0.7682	0.4821	0.0930
	CEGA	0.0645	0.3887	0.6904	0.8680	0.9934	1.2310	1.0821	0.8997	0.7421	0.4672	0.0689
	DNEA	0.0268	0.3216	0.5923	0.8012	0.9341	0.9795	0.9951	0.8920	0.6458	0.3873	0.0615

表 7.5.3　算法对 DST2 求得的最好值、最差值及平均值

环境		0	10	20	30	40	50	60	70	80	90	100
最好值	PDGA	0.0128	0.0670	0.2998	0.4190	0.6711	0.8803	0.9724	0.9632	0.8667	0.5996	0.1100
	CEGA	0.0231	0.0910	0.2492	0.4095	0.6910	0.8640	0.9581	0.9534	0.8565	0.6290	0.1503
	DNEA	0.0182	0.0580	0.2198	0.3992	0.6414	0.8300	0.9530	0.9430	0.8268	0.5360	0.0800
最差值	PDGA	0.0473	0.1256	0.3786	0.6214	0.8546	1.1287	1.2431	1.0498	0.9980	0.8766	0.4357
	CEGA	0.0518	0.1320	0.5833	0.5792	0.8921	1.2357	1.3101	1.1032	0.8955	0.7863	0.3895
	DNEA	0.0245	0.0952	0.3160	0.4562	0.6980	1.0931	1.1056	0.9895	0.7821	0.6328	0.0993
平均值	PDGA	0.0328	0.0986	0.2349	0.5632	0.7623	1.0021	1.1325	0.9876	0.9354	0.6952	0.8951
	CEGA	0.0347	0.1029	0.3257	0.4579	0.7851	1.0132	1.2003	0.9936	0.8650	0.6873	0.2013
	DNEA	0.0219	0.0653	0.2708	0.4209	0.6620	0.9587	0.9874	0.9652	0.8014	0.5962	0.0821

表 7.5.4　算法对 DST3 求得的最好值、最差值及平均值

环境		0.00	0.15	0.30	0.45	0.6	0.75	0.90	1.00
最好值	PDGA	13.25	13.08	13.19	12.92	12.19	12.57	12.69	12.53
	CEGA	13.26	13.03	13.25	12.99	11.89	12.66	12.71	12.24
	DNEA	13.21	13.01	13.15	12.85	11.83	12.52	12.56	12.21
最差值	PDGA	13.78	13.46	13.95	13.45	12.90	12.98	12.91	12.90
	CEGA	13.97	13.87	13.69	13.96	12.59	13.21	13.31	12.86
	DNEA	13.43	13.53	13.43	13.23	12.11	12.70	12.87	12.34
平均值	PDGA	13.66	13.34	13.87	13.22	12.65	12.67	12.88	12.87
	CEGA	13.71	13.67	13.56	13.34	12.38	12.90	12.95	12.61
	DNEA	13.32	13.41	13.35	13.13	11.95	12.64	12.64	12.29

从表 7.5.2□表 7.5.5 的统计结果知，DNEA 在各个环境下获得的最好目标函数值、最大目标函数值及平均函数值比其他两种用于比较算法的计算结果均小，因此，算法 DNEA 在搜索效率及环境跟踪能力上均优于 PDGA 和 CEGA.

表 7.5.5　算法对 DST4 求得的最好值、最差值及平均值

环境		0.00	0.15	0.30	0.45	0.6	0.75	0.90	1.00
最好值	PDGA	−6954.02	−6976.34	−6954.23	−6951.73	−6968.14	−6969.53	−6950.04	−6963.06
	CEGA	−6955.00	−6973.23	−6956.02	−6953.09	−6967.56	−6967.12	−6951.39	−6961.44
	DNEA	−6958.10	−6977.62	−6957.12	−6955.23	−6968.46	−6970.10	−6952.34	−6964.26
最差值	PDGA	−6932.20	−6949.36	−6932.79	−6947.54	−6923.10	−6943.09	−6933.06	−6943.23
	CEGA	−6940.16	−6957.27	−6933.34	−6943.26	−6931.51	−6935.43	−6935.52	−6941.00
	DNEA	−6947.27	−6960.02	−6947.23	−6951.09	−6946.33	−6953.11	−6946.07	−6951.71
平均值	PDGA	−6947.43	−6964.78	−6946.24	−6949.44	−6956.53	−6956.34	−6942.16	−6958.86
	CEGA	−6948.13	−6969.43	−6949.04	−6947.98	−6948.00	−6953.53	−6946.53	−6950.24
	DNEA	−6951.40	−6972.22	−6954.20	−6953.27	−6959.55	−6957.03	−6949.30	−6961.99

从图 7.5.1 可知，DNEA 在各个环境上求得的函数最优值位于其他两种算法所得函数最优值的下方．故 DNEA 能快速适应环境变化并且寻优效果较为稳定．

从以上分析可知，算法 DNEA 在处理复杂动态约束优化问题方面具有较好的优越性，其能较为准确、快速地跟踪动态环境下问题的最优解，具有较高的搜索效果和效率．

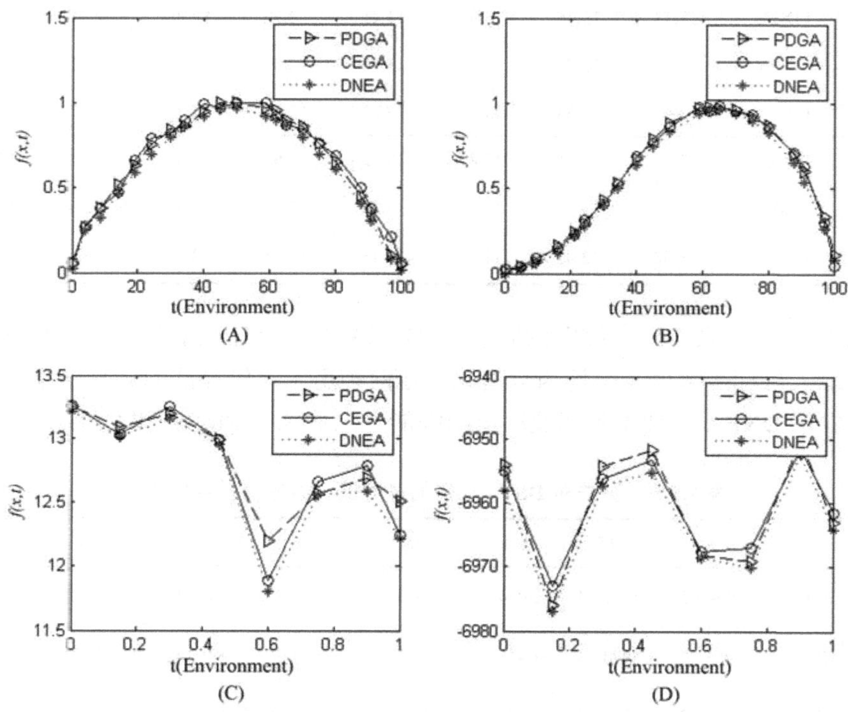

图 7.5.1　算法 PDGA，CEGA 和 DNEA 对 DST1～DST4 在不同环境 t 经一次典型运行获得问题的最优值

7.6　本 章 小 结

本章研究了一类动态非线性约束优化问题的新解法.该方法首先将动态非线性约束优化问题的约束条件引入到问题的目标中来，从而将原问题转化成了无约束的动态多目标优化问题，针对转化后的优化问题提出了一种新的进化算法，同时给出了算法的收敛性证明. 最后数值仿真结果表明新算法对动态非线性约束优化问题十分有效.

参 考 文 献

[1] Branke J. Evolutionary algorithms for dynamic optimization problems-A survey. AIFB, University Karlsruhe, 1999.

[2] Jin Y C, Branke J. Evolutionary optimization in uncertain environments-A survey. IEEE Transactions on Evolutionary Computation, 2005, 9(3): 134-137.

[3] 王洪峰, 汪定伟, 杨圣祥. 动态环境中的进化算法. 控制与决策, 2007, 22(2): 127-132.

[4] Branke J, Kauber T, Schmidth C, et al. A multi-population approach to dynamic optimization problems. Proc. of the Adaptive Computing in Design and Manufacturing, Berlin, Germany, 2000: 299-308.

[5] Yang S. Constructing dynamic test environments for genetic algorithms based on problem difficulty. Proceedings of the 2004 Congress on Evolutionary Computation, Volume 2, IEEE Press, 2004: 1262-1269.

[6] Morrison R W, Dejong K A. A test problem generator for nonstationary environments. Congress on Evolutionary Computation, Volume 3, IEEE Press, 1999: 2047-2053.

[7] Vavak F, Fogarty T C. A comparative study of steady state and generational genetic algorithms for use in non-stationary environments. AISB Workshop on Evolutionary Computing, Lecture Notes in Computer Science, Volume 1143, Fogarty T C, Editor, Springer, 1996: 297-304.

[8] Trojanowski K, Michalewicz Z. Evolutionary algorithms for non-stationary environments. Proc. of the 8th Int. Workshop on Intelligent Systems, Klopotek M A, Michalewicz M, Editors, Springer, 1999: 229-240.

[9] Branke J. Evolutionary approaches to dynamic optimization problems-introduction and recent trends. GECCO Workshop on Evolutionary Algorithm for Dynamic Optimization Problems, Branke J, Editor, 2003: 2-4.

[10] 张著洪, 钱淑渠. 自适应免疫算法及其对动态函数优化的跟踪. 模式识别与人工智能, 2007, 20(1): 85-94.

[11] 吴漫川, 李元香, 郑波尽. 解决非静态优化问题的 MEAF 算法. 计算机工程与科学, 2005, 27(8): 73-80.

[12] 罗印升, 李人厚, 张维玺. 基于免疫机理的动态函数优化算法. 西安交通大学学报, 2005, 39(4): 385-388.

[13] 胡静, 曾建潮, 谭瑛. 动态环境下一种改进的微粒群算法. 系统工程理论与实践, 2008, 28(4): 96-107.

[14] 李孝源, 李枚毅, 宋凌. 动态环境下一种改进的小生境粒子群算法. 计算机工程与应用, 2008, 44(9): 51-54.

[15] 王洪峰, 汪定伟. 一种动态环境下带有记忆的三岛粒子群算法. 系统工程学报, 2008, 23(2): 252-256.

[16] Chen Y X, Benjamin W W. Calculus of variations in discrete space for constrained nonlinear dynamic optimization. Proceedings of the 14th International Conference on Tools with Artificial Intelligence (ICTAI'02), Piscatway, IEEE Press, 2002: 1-8.

[17] Liu C A, Wang Y P. New multiobjective PSO algorithm for nonlinear constrained programming problems. Proceedings of the 2007 International Conference on Intelligent Systems and Knowledge Engineering, 2007: 1439-1442.

[18] Farina M, Deb K, Amato P. Dynamic multi-objective optimization problems: Test cases, approximation, and applications. IEEE Transactions on Evolutionary Computation, 2004, 8(5): 311-326.

[19] 王登高, 刘迎曦, 李守巨. 求解一类非线性规划问题的混合遗传算法. 上海交通大学学报(自然科学版), 2003, 37(12): 1953-1956.

[20] Deb K, Agrawal S. A niched-penalty approach for constraint handing in genetic algorithms. //Proc. of the Int. Conf. on Artificial Neural Nets and Genetic Algorithms. New York: Springer Verlag, 1999: 235-243.

[21] Lu H M, Yen G G. Rank-density-based multi-objective genetic algorithm and benchmark test function study. IEEE Transactions on Systems, Man and Cybernetics-Part B: Cybernetics, 2003, 7(4): 325-342.

[22] Zitzler E, Laumanns M, Thiele L. SPEA2: Improving the strength Pareto evolutionary algorithm. Evolutionary Methods for DesignC Optimisation and Control with Applications to Industrial Problems, Barcelona, Spain, 2002: 95-100.

[23] 郑金华. 多目标进化算法及其应用. 北京: 科学出版社, 2007.

[24] Allen A O. Probability, statistics and queuing theory with computer science applications, 2nd Edition. Boston, MA: Academic Press, INC., 1990.

[25] Anabela S, Ernesto C. A comparatively study using genetic algorithms to deal with dynamic environments. // Proceedings of the Sixth International Conference on Neural Networks and Genetic Algorithms (ICANNGA'03), Roanne: Springer-Verlag, 2003: 203-209.

[26] Jin Y C, Sendhoff B. Constructing dynamic optimization test problems using the multiobjective optimization concept. // Proc. of the Evolutionary Workshops 2004, LNCS 3005. Heidelberg: Springer-Verlag, 2004: 525-536.

[27] Liu H L, Wang Y P. Solving constrained optimization problem by a specific-design multiobjective genetic algorithm. //Proceedings of the 5th Conference on Computational Intelligence and Multimedia Applications (ICCIMA'03). New York:Springer Verlag, Wien, 2003: 2236-2239.

[28] C A，Coello Coello. Treating constrains as objective for single-objective evolutionary optimization. Engineering Optimization, 2000, 32(2): 275-308.

[29] Jin Y C, Sendhoff B. Constructing dynamic optimization test problems using the multiobjective optimization concept. // Proc. of the Evolutionary Workshops 2004. LNCS 3005. Springer-Verlag, Heidelberg, Germany, 2004: 525-536.

[30] Branke J, Schmeck H. Designing evolutionary algorithms for dynamic optimization problems. //Proc. of the Theory and Application of Evolutionary Computation, Berlin: Springer-Verlag, 2002: 239-262.

第 8 章　动态多目标进化算法性能评价

8.1　引　　言

对于一个动态多目标优化进化算法（dynamic multiobjective optimization envolutionary algorithm，DMOEA）进行性能评价时，一般需要考虑两方面的内容：① 要有一套能够比较客观地反映 DMOEA 优劣的评价工具或方法（metrics）；② 需要选取一组具有代表性的通用标准测试函数，即 benchmark test problems 作为测试算法的有效性，有关测试函数的讨论参见第 9 章．对于 DMOEA 评价工具的选取，主要考虑两个指标，一个是测定 DMOEA 的效率（efficiency），另一个是度量 DMOEA 的效果（effectiveness）．DMOEA 的效率主要指其在求解动态多目标优化问题（dynamic multiobjective optimization problem，DMOP）随时间（环境）变化而发生变化的 Pareto 最优解集时所需要的 CPU 时间，即算法的收敛量及计算量，以及算法所占用计算机内存资源．DMOEA 的效果则主要指其在变化的环境下所求问题的 Pareto 最优解集的质量，包括求得的 Pareto 解的数量、收敛性及其在 Pareto 前沿面上的分布情况，此外，对于 DMOEA，还需考虑其在一次运行中找到问题的随环境变化而变化的 Pareto 最优解的质量以及跟踪动态优化问题随时间变化的最优解在搜索空间内的运行轨迹．有关这些评价工具、方法可参考本章第 8.3 节．

对于 DMOEA 的评价，除了采用有效地评价工具外，一般采用两种不同的方法来评价 DMOEA 的性能．一是从理论上对所设计的算法进行分析，其主要结合算法的特点，利用概率论或随机过程的有关知识对其收敛行为进行分析（目前关于这点，研究成果很少）；二是采用试验对比的方法对 DMOEA 的性能进行测试分析．一个 DMOEA 的运行效率及其收敛特点可以通过理论分析加以解决，对于一个 DMOEA，设计者不但要从实验的角度去说明其算法的有效性，更为重要的是从理论上保证所给算法的收敛性．当然，按照 NFL 定理（无免费午餐定理：对于一个函数类，不存在万能的最佳算法，即算法在这个函数类上的平均表现度量是一样的）揭示的优化算法的实质，很难设计出一种最优算法对所有问题有效．另外，当前大多数动态多目标进化算法所采用的进化机理和静态多目标进化算法机理基本一致，因此，很难从理论上判断哪个 DMOEA 更好，目前国内外学者大都采用实验方法对动态多目标优化进化算法的性能进行测试和比较.

8.2　性能测试设计方法

8.2.1　性能测试目的

DMOEA 测试主要是利用相同的动态多目标测试函数对不同的动态多目标优化进化算法性能进行比较测试，其目的在于比较所设计的 DMOEA 与文献已有的 DMOEA 性能的差异，其参照的 DMOEA 应该是当前最具有代表性的方法，一般选取发表在进化算法国际权威专业杂志，如：*Evolutionary Computation* 和 *IEEE Transactions on Evolutionary Computation* 等. 对于 DMOEA 性能测试，通常需从以下几个方面考虑[1~3]：

（1）与已有算法在效率上进行比较（包括收敛量和计算量）.

（2）与已有算法在收敛性、不同环境下所求问题 Pareto 最优解集中包含问题解的数量、分布均匀性及宽广性上进行比较.

（3）与已有算法在跟踪问题随环境变化而发生变化的 Pareto 解集的轨迹上进行比较.

（4）与已有算法在鲁棒性方面的比较，如：对所求 DMOEA 特征的敏感性、对算法中参数设置的敏感性等.

8.2.2　度量 DMOEA 的指标

对于 DMOEA，一般而言，度量其性能的指标主要包括其所求动态多目标优化问题 Pareto 解集的质量、算法的计算效率以及鲁棒性. 对于每一个指标，按照性能试验目的可以选择合适的评价工具、方法.

（1）Pareto 最优解集的质量

对于设计的 DMOEA，如何使其在一次运行中便可求出 DOMP 随环境发生变化的高质量 Pareto 最优解集是非常重要的. 评价 DOMP 的最优解集时，其一，对于已知最优解集的标准动态测试函数，例如动态 Benchmark 测试函数，通常的做法是比较算法在不同环境下所求得的 DMOP 的解与最优解集的偏差（deviation），而对于那些没有已知最优解的优化问题，可以参照度量静态多目标优化算法性能的趋近度评价方法[4]，通过在不同环境下所求解集到参照集的最小距离来衡量，该距离越小，表明趋近程度越高. 其二，比较设计算法与参与比较的算法在不同环境下求得同一问题的最优解集的并集中包含各自所求的 DMOP 的最优解的数量，该数值越大，表明对应算法求得 DMOP 的 Pareto 最优解越好．其三，比较设计算法与参与比较的算法在不同环境下求得同一问题的最优解集的分布均匀程度，显然，分布均匀性越高，表明求得的解质量越好．

（2）DMOEA 的计算效率

在确保 DMOEA 所求得解集质量的前提下，DMOEA 的执行效率是考察的另一项重要指标．该指标可以用 DMOEA 运行的平均 CPU 时间或者找到的点数衡量，也可以用迭代的次数衡量．在一个 DMOEA 的收敛过程中，它所求解的质量往往随时间的变化而发生变化，一般情况下，在同一时间（环境）动态多目标优化算法所求解集的质量会随时间的增加而变化，这一变化规律可以用“质量-时间”曲线来描述．

在考察一个 DMOEA 的计算效率时，要注意区分几个不同的时间概念．第一，DMOEA 运行的终止时间、终止条件往往是人为设定的．

（3）DMOEA 的鲁棒性

鲁棒性（robustness）就是系统的健壮性，而算法的鲁棒性是指在存在噪声的情况下，对同一问题在多次求解中得到的结果是相似的，或者对不同问题算法具有较好的求解能力．因此，一个具有鲁棒性的 DMOEA 应该具有比较广泛的应用领域，且在求解领域问题具有较好的稳定性．如果一个 DMOEA 不能求解具有不同特征的问题，那么该算法就不是鲁棒的．

8.3 静态多目标进化算法性能评价方法

8.3.1 收敛性的度量

在理想情况下，静态多目标优化进化算法（static multi-objective optimization evolutionary algorithm，SMOEA）的求解过程是一个不断逼近最优解集的动态过程．但在实际中，对于一个静态多目标优化问题（SMOP），其真正的 Pareto 最优解集（记为 PF_{true} ）往往不知道，且 SMOEA 也很难找到 SMOP 的 PF_{true} ．也就是说，SMOEA 并不能保证一定能找到 SMOP 的 Pareto 最优解集，而是尽可能的找到一个与 PF_{true} 很好的近似解集 PF_{known} ．下面给出几种常见的具有代表性的度量收敛性评价的方法．

（1） C-measure[5]

设 A，B 分别是静态多目标进化算法 $\overline{A}$ ，$\overline{B}$ 求得同一问题的两个解集，则

$$C(\bar{A},\bar{B})=\frac{|\{b\in B\mid \exists a\in A,\ \text{s.t.}\ a\prec b\}|}{|B|} \tag{8.3.1}$$

为解集A，B相对优劣度的评价函数，简称C-measure．其中，$(\bar{A},\bar{B})$表示有序数对，$a\prec b$表示向量a非劣于向量b，即若向量$a=(a_1,a_2,\cdots,a_m)^{\mathrm{T}}$非劣于向量$b=(b_1,b_2,\cdots,b_m)^{\mathrm{T}}$，当且仅当$\forall i\in\{1,2,\cdots,m\}$，$a_i\leqslant b_i$，$\exists i\in\{1,2,\cdots,m\}$，使得$a_i<b_i$成立，$|\,|$表示集合“$\square$”中元素的个数．

从C-measure定义可知，$(\bar{A},\bar{B})$表示一有序数对，因此，$C(\bar{A},\bar{B})\neq C(\bar{B},\bar{A})$．如果$A$，$B$分别表示两种算法$\bar{A}$和$\bar{B}$求得静态多目标优化问题的Pareto最优解集，那么从式（8.3.1）知，$C(\bar{A},\bar{B})$的值表示A中的解非劣于B中的解的百分比，且$C(\bar{A},\bar{B})\in[0,1]$．当$C(\bar{A},\bar{B})=1$时，表明解集$A$完全覆盖$B$；当$0\leqslant C(\bar{A},\bar{B})<1$时，表明解集$A$部分覆盖$B$．因此，$C(\bar{A},\bar{B})$值越大，表明解集$A$越优于$B$，相应算法$\bar{A}$好于$\bar{B}$，反之亦然．因此，$C$-measure可以度量两种算法求得静态多目标优化问题最优解集的优劣程度．

（2）Generational distance(GA)[6]

GA 通常用来度量静态多目标优化进化算法已找到问题的 Pareto 最优解$\mathrm{PF}_{\mathrm{known}}$对其真实最优解集$\mathrm{PF}_{\mathrm{true}}$的逼近程度，其定义为

$$\mathrm{GA}=\sqrt{\frac{1}{n_{\mathrm{PF}}}\sum_{i=1}^{n_{\mathrm{PF}}}d_i^{\,2}}, \tag{8.3.2}$$

其中，n_{PF}表示SMOEA到目前为止找到问题的Pareto最优解的数目，d_i为Pareto最优解集$\mathrm{PF}_{\mathrm{known}}$中第$i$个解与Pareto最优解集$\mathrm{PF}_{\mathrm{true}}$中距其最近的解的Euclidean距离（在目标空间）．显然，$\mathrm{GA}=0$意味着所有找到的解均位于真实最优解集之中，该度量方法优点是操作简单、计算量小；缺点是问题真实的最优集往往不可知．

（3）Error ratio(ER)

ER是由Veldhuizen提出来的[7]，它用于描述静态多目标优化进化算法目前所找到的最优解不包含在问题的Pareto最优解集中的比例，其定义为

$$\mathrm{ER}=\frac{\sum_{i=1}^{n}e_i}{n}, \tag{8.3.3}$$

其中，n为目前所找到的最优解的数目，若当前所找的最优解$x_i\in\mathrm{PF}_{\mathrm{known}}$包含在$\mathrm{PF}_{\mathrm{true}}$中，则$e_i=0$；否则，$e_i=1$．显然，如果$\mathrm{ER}=0$，那么表明算法所找到的最

优解均位于问题的Pareto最优集之中，该度量方法的缺点是真实的最优集往往也不可知．

(4) 基于距离的收敛性度量

基于距离的收敛性度量方法是 K. Deb[8]提出的一种用于度量算法找到问题的 Pareto 最优解集 PF_{known} 逼近真正 Pareto 最优解集 PF_{true} 的程度的方法，该方法在使用时需要用到一个参考集 Q^*，或者是已知问题的 Pareto 最优解集 PF_{true}，由于 PF_{true} 事先未知，因此，一般取已知算法和用于比较算法找到问题 Pareto 最优解集的并集，即 $Q^*=\bigcup_{i=1}^{l}\mathrm{NSet}^{(l)}$，其中 $\mathrm{NSet}^{(l)}$ 为用于比较的第 l 个算法求得问题的 Pareto 最优解集．首先计算算法找到问题 Pareto 最优解集 PF_{known} 中第 i（$i=1,2,\cdots,|PF_{known}|$）个个体与 $\mathrm{NSet}^{(l)}$ 中的所有个体的最短 Euclid 距离，如式（8.3.4）所示：

$$d_i=\min_{j=1}^{|Q^*|}\sqrt{\sum\nolimits_{k=1}^{m}\left(\frac{f_k(i)-f_k(j)}{f_k^{\max}-f_k^{\min}}\right)^2},\tag{8.3.4}$$

其中，$f_k^{\max},f_k^{\min}$ 分别是 Q^* 中所有解的第 k 个目标的最大值和最小值，m 为子目标的个数．

然后计算 d_i 的平均值，如式（8.3.5）所示：

$$\mathrm{DM}=\frac{1}{|PF_{known}|}\sum_{i=1}^{|PF_{known}|}d_i,\tag{8.3.5}$$

则 DM 就是衡量 SMOEA 所求的解集 PF_{known} 逼近问题的真正 Pareto 最优解集 PF_{true} 的程度的值，其值越小，表明解集 PF_{known} 逼近与 PF_{true} 的程度越高，反之其值越大，解集 PF_{known} 逼近与 PF_{true} 的程度越低．

8.3.2 分布性的度量[8]

在设计SMOEA时，除了要考虑算法能收敛到问题的真正Pareto最优解集外，还需考虑算法所求得解集的多样性，即所得解集中包含的非劣解应均匀分布在整个解空间．

（1）最大宽广性度量（metric of maximum spread，MS）

MS 可以用来度量 SMOEA 找到的多目标优化问题的 Pareto 最优解集 PF_{known} 覆盖其真正 Pareto 最优解集 PF_{true} 的范围，其定义为

$$\mathrm{MS}=\sqrt{\frac{1}{m}\sum_{i=1}^{m}\left[\frac{\min(f_i^{\max},F_i^{\max})-\min(f_i^{\max},F_i^{\max})}{F_i^{\max}-F_i^{\max}}\right]^2}\text{ ,} \tag{8.3.6}$$

其中，m 是 SMOP 目标函数的个数，$f_i^{\max}$ 和 $f_i^{\min}$ 是 Pareto 最优解集 $\mathrm{PF}_{\mathrm{known}}$ 中所有解的第 i 个目标的最大值及最小值；$F_i^{\max}$ 和 $F_i^{\min}$ 是 $\mathrm{PF}_{\mathrm{true}}$ 中所有解的第 i 个目标的最大值及最小值.

（2）Metric of spacing（SP）

Metric of spacing 是Schott提出的用于衡量SMOEA求得问题Pareto最优解的均匀性的，其定义为

$$\mathrm{SP}=\frac{1}{\bar{d}}\left[\frac{1}{n_{\mathrm{PF}}}\sum_{i=1}^{n_{\mathrm{PF}}}(d_i-\bar{d})^2\right]^{\frac{1}{2}}, \tag{8.3.7}$$

其中，$\bar{d}=\dfrac{1}{n_{\mathrm{PF}}}\sum_{i=1}^{n_{\mathrm{PF}}}d_i$ ，n_{PF} 为 $\mathrm{PF}_{\mathrm{known}}$ 中解的数目，d_i 是 $\mathrm{PF}_{\mathrm{known}}$ 中每个解 i 在目标空间中与其最近解的Euclid距离.

（3）U - measure[9]

U - measure是王宇平教授[9]提出的用于评价一个算法求得静态多目标优化问题的Pareto最优解在目标空间的分布均匀性和宽广性的有效度量方法.

对 U - measure，有两种情形.

情形I: 两个目标 $f(x)=(f_1(x),f_2(x))$ 的 U - measure.

步骤1　令 $f_i^{\min}=\min\limits_{x\in D}f_i(x), f_i^{\max}=\max\limits_{x\in D}f_i(x), i=1,2$ ，这里，D是问题的可行域.

步骤2　假设 $A=\{P_1,P_2,\cdots,P_N\}$ 是算法 $\bar{A}$ 求得多目标优化问题在目标空间 $\mathbb{R}^m$ 中的Pareto非劣解集，在 $A=\{P_1,P_2,\cdots,P_N\}$ 中添加两个参考点 $P_0=(f_1^{\min},f_2^{\max})$ 和 $P_{N+1}=(f_1^{\max},f_2^{\min})$ ，此时 A 变为 $A'=\{P_0,P_1,\cdots,P_{N+1}\}$.

步骤3　对 A' 中的所有点按其第一坐标从小到大进行排序，不失一般性，设重新排序后所得点序列为 P_0，P_1，$\cdots$，P_{N+1} .

步骤4　计算点序列 P_0，P_1，$\cdots$，P_{N+1} 中每相邻两个点 P_i，P_{i+1} 之间的欧氏距离 $d_{i,i+1}(P_i,P_{i+1})$，$i=0,1,2,\cdots,N$，令 $d_{0,1}=d_{0,1}+\bar{d}$，$d_{N,N+1}=d_{N,N+1}+\bar{d}$，$\bar{d}=\dfrac{1}{N-1}\sum_{i=0}^{N}d_{i,i+1}(P_i,P_{i+1})$.

步骤5　计算步骤4中所得距离 $d_{i,i+1}(i=0,1,2,\cdots,N)$ 的标准差

$$U(\overline{A})=\frac{1}{N}\sum_{i=0}^{N}(d_{i,i+1}(P_i,P_{i+1})-\overline{d}_{\text{mean}}(A)),\tag{8.3.8}$$

其中，$\overline{d}_{\text{mean}}(A)=\frac{1}{N+1}\sum\limits_{i=0}^{N}d_{i,i+1}(P_i,P_{i+1})$，则$U(\overline{A})$定义为算法$\overline{A}$求得静态多目标优化问题的Pareto最优解在Pareto前沿面上均匀性和宽广性的度量.

定义8.3.1 设$P(x)=(f_1(x),f_2(x),\cdots,f_m(x))^{\mathrm{T}}\in\square^m$是静态多目标优化问题目标空间$\square^m$中的任意点. 令$f_k^{\min}=\min\{f_k(x)\mid\forall x\in D\}$，$f_k^{\max}=\max\{f_k(x)\mid\forall x\in D\}$，$k=1,2,\cdots,m$，则称

$$Q_{2k+1}=\begin{cases}P(x), & f_k(x)=f_k^{\max},\\ \Theta\in\square_L^{\ m}, & f_k(x)\neq f_k^{\max},\end{cases}\tag{8.3.9}$$

$$Q_{2k}=\begin{cases}P(x), & f_k(x)=f_k^{\max},\\ \Theta\in\square_R^{\ m}, & f_k(x)\neq f_k^{\max}\end{cases}\tag{8.3.10}$$

分别为点$P(x)$相对于第k个坐标轴与其最近的两个点，其中，$k=1,2,\cdots,m$，$\Theta=(\Theta_1,\Theta_2,\cdots,\Theta_m)^{\mathrm{T}}$，$\square_L^{\ m}=\left\{\Theta\in\square^m\,\middle|\,d(\Theta,P(x))=\min\limits_{\forall\Theta\in\square^m}(d(\Theta,P(x))),\Theta_k<f_k(x)\right\}$，$\square_R^{\ m}=\left\{\Theta\in\square^m\,\middle|\,d(\Theta,P(x))=\min\limits_{\forall\Theta\in\square^m}(d(\Theta,P(x))),\Theta_k>f_k(x)\right\}$，$d(\circ,\square)$表示点“$\circ$”和“$\square$”之间的欧氏距离.

情形II： $m(m>2)$个目标$f(x)=(f_1(x),\cdots,f_m(x))$的$U$-measure.

步骤1 假设 $A=\{(f_1^i,f_2^i,\cdots,f_m^i)\}_{i=1,2,\cdots,N}$是算法 $\overline{A}$求得多目标优化问题在目标空间$\square^m$中的Pareto非劣解集，对每一个指标$r\in\{1,2,\cdots,m\}$，按照下列准则（a）、（b）把A分成不同的子集$A_1^r,A_2^r,\cdots,A_k^r$.

（a）每个子集$A_l^r(l=1,2,\cdots,k)$中所有点的第$r(r=1,2,\cdots,m)$个目标值相同.

（b）对任意两点$Z=(z_1,z_2,\cdots,z_m)^{\mathrm{T}}\in A_i^r$，$S=(s_1,s_2,\cdots,s_m)^{\mathrm{T}}\in A_s^r$，当$i<s$时，$z_r<s_r$. 另外，对每一个点 $P\in A$，按照定义8.3.1求得其相对第r个坐标轴的两个最临近点分别记作Q_{2r-1}，$Q_{2r}(r=1,2,\cdots,m)$，且$d_{2r-1}=d(P,Q_{2r-1})$，$d_{2r}=d(P,Q_{2r})$.

步骤2 令$\overline{d}=\frac{1}{2|A-\{A_1^r,A_k^r\}|}\sum\limits_{P\in A-\{A_1^r,A_k^r\}}(d_{2r-1}+d_{2r})(r\in\{1,2,\cdots,m\})$，$d_{2r-1}=d_{2r-1}+\overline{d}$，$d_{2r}=d_{2r}+\overline{d}$，这里，$|A-\{A_1^r,A_k^r\}|$表示集合$A-\{A_1^r,A_k^r\}$中点的个数.

步骤3 令

$$U(\overline{A})=\sqrt{\frac{1}{2mN-1}\sum_{P\in A}\sum_{r=1}^{2m}(d_r-d_{\text{mean}})^2},\tag{8.3.11}$$

其中，$d_{\text{mean}}=\frac{1}{2mN}\sum_{P\in A}\sum_{r=1}^{m}(d_{2r-1}+d_{2r})$，则定义$U(\overline{A})$为算法$\overline{A}$求得多目标优化问题的Pareto前沿面上解的均匀性和宽广性的度量.

从式（8.3.8）和式（8.3.11）可知，无论对两个目标还是两个以上目标的多目标优化问题，只要算法$\overline{A}$求得其目标空间中Pareto最优解集A的U - measure值$U(\overline{A})$越小，表明解集A中点分布的均匀性和宽广性越好.

8.4　动态多目标进化算法（DMOEA）性能评价方法

8.4.1　收敛性的度量

（1）Pareto最优解的收敛量[2]

Pareto最优解的收敛量是M. Farina, K. Deb[2]提出的用于度量DMOEA所得到动态多目标优化问题的Pareto最优解的收敛量或算法找到问题真正Pareto最优解的错误率的重要指标，其定义如下：

$$e_f(t)=\frac{1}{np}\sum_{j=1}^{np}\min_{i=1:nh}\left\|P_{S,i}(t)-x_j(t)\right\|_2,\tag{8.4.1}$$

nh为用于标记环境t时问题的真正Pareto最优解集$P_S(t)$的采样数目，np为算法在环境t求得问题的Pareto最优解的数目，$x_j(t)(j=1,2,\cdots,np)$为在决策空间计算的解，$\|\square\|_2$为“□”在□^{n}上的2-范数.

（2）Pareto最优解的逼近率

设$P_{\text{true}}(t)$是动态多目标优化问题（DMOP）在环境t时的真正Pareto最优解集，A_{tk}是算法$\overline{A}$在环境$t(1\leqslant t\leqslant T)$下第$k(1\leqslant k\leqslant K_t)$次运行获得的Pareto最优解集，则定义

$$\text{GD}(\overline{A})=\frac{1}{T\cdot K_t}\sum_{t=1}^{T}\sum_{k=1}^{K_t}\frac{\sqrt{\sum_{\tau=1}^{|P_{\text{true}}(t)|}d_{k\tau}}}{|P_{\text{true}}(t)|}\tag{8.4.2}$$

为评价算法$\overline{A}$在整个环境下找到问题的Pareto最优解到问题的真正Pareto最优解集的逼近程度. 其中，T为环境总数，K_t表示环境不变时算法运行次数，

$d_{k\tau}=\min_{k=1}^{|A_{tk}|}\sqrt{\sum_{j=1}^{m}(f_j^{*(\tau)}-f_j^{(k)})^2}$ ，$f_j^{*(\tau)}$ 是 $P_{\text{true}}(t)$ 中第 τ 个个体的第 j 个目标函数，$f_j^{(k)}$ 是 A_{tk} 中第k个个体的第j个目标函数．显然，当 $\text{GD}(\overline{A})\to 0$ 时，表明算法 $\overline{A}$ 求得问题的Pareto最优解位于问题的真正Pareto最优解集之间．

（3）Pareto最优解的准确率

设 $P_{\text{true}}(t)$ 是DMOP在环境t时的真正Pareto最优解集，$A(t)$ 是算法 $\overline{A}$ 在环境 $t(1\leqslant t\leqslant T)$ 下获得的Pareto最优解集，则算法 $\overline{A}$ 在整个环境下求得问题的Pareto最优解的准确率 $\text{ER}(\overline{A})$ 定义为

$$\text{ER}(\overline{A})=\frac{1}{T}\sum_{t=1}^{T}\frac{(\sum_{\tau=1}^{|A(t)|}e_{t\tau})}{|A(t)|},\tag{8.4.3}$$

其中，$|A(t)|$表示算法目前找到的最优解的数目，若目前算法找到的第 τ 个最优解包含在问题的真正Pareto最优解集中，则 $e_{t\tau}=1$；否则，$e_{t\tau}=0$．显然，当 $\text{ER}(\overline{A})$ 越大，表明算法在整个环境上找到问题的Pareto最优解包含在问题的真正Pareto最优解集中的比例越高，因此，$\text{ER}(\overline{A})$ 可以作为算法 $\overline{A}$ 在整个环境求得问题的Pareto最优解准确率（或搜索效率）的一个度量．

（4）覆盖率[10]（coverage rate，C_r）

覆盖率 C_r 是张著洪[10]给出的用于评价两个算法在整个环境下求得问题的Pareto最优解集的优劣程度．在环境 $t(1\leqslant t\leqslant T)$ 下，设 A_{tk}，B_{tk} 分别是算法 $\overline{A}$ 和 $\overline{B}$ 在第 $k(1\leqslant k\leqslant K)$ 代获得的Pareto最优解集，则定义

$$\text{C}_r(\overline{A},\overline{B})=\frac{1}{T\cdot K^2}\sum_{t=1}^{T}\sum_{k=1}^{K}\sum_{\tau=1}^{K}C(A_{tk},B_{t\tau})\tag{8.4.4}$$

为评价两个算法 $\overline{A}$，$\overline{B}$ 在整个环境下所得的Pareto最优解集相对优劣度（覆盖率）的度量．其中，$C(\sqcup,\circ)$ 表示两个解集“$\sqcup$”和“$\circ$”的 C-measure．显然，当 $\text{C}_r(\overline{A},\overline{B})>\text{C}_r(\overline{B},\overline{A})$ 时，表明算法 $\overline{A}$ 优于算法 $\overline{B}$，$C_r(\overline{A},\overline{B})$ 的值越大，表明算法 $\overline{A}$ 的性能越好．

（5）收敛率[10]（convergence ratio，C_o）

设算法 $\overline{A}$ 在第 $t(1\leqslant t\leqslant T)$ 个环境执行K次迭代，相应获得 $K\cdot T$ 个Pareto最优解集 $A_{tk}|_{k\geqslant 1}^{K},(t=1,2,\cdots,T)$，则定义

$$C_o(\overline{A})=\frac{1}{K\cdot T}\sum_{t=1}^{T}\sum_{k=1}^{K-1}\frac{1}{K-k}\sum_{l=k+1}^{K}C(A_{tk},A_{tl})\tag{8.4.5}$$

为算法 $\bar{A}$ 在整个环境下的收敛率的度量．$C_o(\bar{A})$ 可用来度量算法 $\bar{A}$ 能否在整个环境下用有限步找到问题的Pareto最优解．显然，对于充分大的K，当 $C_o(\bar{A})$ 值逼近于0，则算法 $\bar{A}$ 是收敛的．

8.4.2　分布性的度量

（1）基于错误率的Pareto最优解的均匀率

设 $P_{\text{true}}(t)$ 是DMOP在环境t时的真正Pareto最优解集，A_{tk} 是算法 $\bar{A}$ 在环境 $t(1\leqslant t\leqslant T)$ 下第 $k(1\leqslant k\leqslant K_t)$ 次运行获得的Pareto最优解集，则

$$\text{SP}(\bar{A})=\frac{1}{T\cdot K_t}\sum_{t=1}^{T}\sum_{k=1}^{K_t}\frac{\sqrt{\sum_{\tau=1}^{|P_{\text{true}}(t)|}(d_{k\tau}-\bar{d}_{k\tau})^2}}{|P_{\text{true}}(t)|-1} \tag{8.4.6}$$

被用以评价算法 $\bar{A}$ 在整个环境下求得问题Pareto最优解的均匀性，其中，T，K_t 和 $d_{k\tau}$ 与式（8.4.5）中定义相同，$\bar{d}_{k\tau}=\frac{1}{|P_{\text{true}}(t)|}\sum_{\tau=1}^{|P_{\text{true}}(t)|}d_{k\tau}$ $(\forall k\in\{1,2,\cdots,K_t\})$，显然，当 $\text{SP}(\bar{A})\to 0$ 时，表明算法 $\bar{A}$ 所得问题的Pareto最优解的均匀性越好．

（2）基于U −度量的Pareto最优解的均匀率

设 A_{tk} 是算法 $\bar{A}$ 在第 $t(1\leqslant t\leqslant T)$ 个环境下的第 $k(1\leqslant k\leqslant K)$ 次执行中获得的Pareto最优解集，则在每个环境下分别独立执行K次后，算法 $\bar{A}$ 求得的Pareto最优解集的均匀分布率 $U_r(\bar{A})$ 可由下式

$$U_r(\bar{A})=\frac{1}{K\cdot T}\sum_{t=1}^{T}\sum_{k=1}^{K}U(A_{tk}) \tag{8.4.7}$$

确定，其中，$U(A_{tk})$ 表示解集 A_{tk} 的 U - measure，显然，$U_r(\bar{A})$ 值越小，表明算法 $\bar{A}$ 在整个环境下求得问题Pareto最优解的均匀分布程度越高，因此，$U_r(\bar{A})$ 可以作为算法 $\bar{A}$ 在整个环境求得问题的Pareto最优解分布质量的一个度量．

注　在式（8.4.2），（8.4.3）和（8.4.7）三种度量方法中，动态多目标优化问题在不同环境下的真实Pareto最优解集事先并不知道，因此，这里采用所有比较算法在同一环境t下共同求得问题的Pareto最优解集的滤集 $P_S^*(t)$ 作为环境t下问题的真正Pareto最优解集 $P_{\text{true}}(t)$．

8.5　本 章 小 结

对于动态/静态多目标优化进化算法的效率和有效性进行评价一直是比较困难的，其已成为许多学者近年来研究的特点．本章在前人工作的基础上，给出了

部分用于评价静态和动态多目标进化算法的性能评价方法，这些方法的引用、给出可以为用户检验设计的动态/静态多目标优化进化算法提供有效的检验依据和工具，需要指出的是，这些方法还存在许多缺陷与不足，需要进一步研究改进.

参考文献

[1] Jin Y C, Sendhoff B. Constructing dynamic optimization test problems using the multiobjective optimization concept. // Proc. of the Evolutionary Workshops 2004, LNCS 3005. Heidelberg: Springer-Verlag, 2004: 525-536.

[2] Farina M, Deb K, Amato P. Dynamic multiobjective optimization problems: Test cases, approximation, and applications. Proc. of the Evolutionary Multiobjective Optimization International Conference, Faro, Portugal, 2003: 311-326.

[3] Farina M, Deb K, Amato P. Dynamic multi-objective optimization problems: Test cases, approximation, and applications. IEEE Transactions on Evolutionary Computation, 2004, 8(5): 311-326.

[4] Zitzler E, Deb K, Thele L. Comparison of multi-objective evolutionary algorithms: Empirical results. Evolutionary Computation, 2000, 8(2): 1-24.

[5] Deb K. Multi-objective genetic algorithms: Problem difficulties and construction of test problems. Evolutionary Computation, 1999, 7(3): 205-230.

[6] Zitzler E, Deb K, Thele L. Comparison of multi-objective evolutionary algorithms: Empirical results. Evolutionary Computation, 2000, 8(2): 1-24.

[7] Veldhuizen D. V. Multi-objective evolutionary algorithms: Classifications, analysis, and new innovation. Ph.D dissertation, Air Force Institute of Technology, Air University, USA.

[8] Deb K, Agrawal S, Pratab A, et al. A fast elitist non-dominated sorting genetic algorithm for multi-objective optimization: NSGA-II. Proc. Conf. Parallel Problem Solving from Nature VI, 2000: 849-858.

[9] Leung YW, Wang Y P. *U*-Measure: A quality measure for multi-objective programming. IEEE Transactions on Systems, Man and Cybernetics-Part A: Systems and Humans, 2003, 33(2): 337-343.

[10] Zhang Z H. Multiobjective optimization immune algorithm in dynamic environments and its application to greenhouse control. Applied Soft Computing, 2008, 8: 959-971.

第 9 章　动态多目标优化问题测试集

前几章对动态多目标优化的主要算法、收敛性理论及算法性能评价的指标、方法等进行了阐述，本章将介绍一些典型的静态和动态多目标优化进化算法的测试函数，以供在检验静态和动态多目标优化算法的性能时进行选择．典型的静态/动态多目标优化问题通常包括无约束静态和动态优化、带约束的静态和动态优化问题四大类[1~4]．

9.1　静态多目标优化测试函数

9.1.1　无约束 SMOP 测试函数

在研究静态多目标优化算法时，必须考虑所设计算法的性能和搜索效率，其中重要的一点就是设计一些具有多属性（如连续型、非连续型、连接型、非连接型、凸的、非凸的、单模态和多模态）的实验函数对算法的性能进行对比实验，Van Veldhuizen 等 [2,4] 基于单目标优化测试问题提出了检验静态多目标优化算法的测试函数，且指出用于测试静态多目标优化算法的测试函数应具有五种基本特征．① 难以用简单的搜索策略进行求解．② 属于非线性、非凸的、非对称的问题需要更多的计算资源．③ 问题具有可扩展性．④ 目标空间及决策空间的维数较大．⑤ 测试函数应有规范的表达形式．本节给出文献中一些典型的用于测试静态多目标优化算法的无约束双目标优化测试函数，其中测试函数 1 选自文献[5]，测试函数 2 选自文献[6]，测试函数 3 选自文献[7]，测试函数 4 选自文献[8]，测试函数 5 选自文献[9]，测试函数 6，7 选自文献[10]，测试函数 8，9 选自文献[11]，且其目标函数均具有 $F(x)=(f_1(x),f_2(x))$ 的形式．

测试函数 1：

$$\begin{cases}\min f_1(x)=x_1^{\ 2}/4,\\ \min f_2(x)=x_1(1-x_2)+5,\\ x_1\in[1,4],x_2\in[1,2].\end{cases}$$

此函数的非劣解集在目标函数空间是凸的（convex）．

测试函数 2：

$$\begin{cases}\min f_1(x)=1-\exp\left(-\sum_{i=1}^{8}(x_i-\frac{1}{\sqrt{8}})^2\right),\\ \min f_2(x)=1-\exp\left(-\sum_{i=1}^{8}(x_i+\frac{1}{\sqrt{8}})^2\right),\\ x_i\in[-2,2],\quad i=1,2,\cdots,8.\end{cases}$$

此函数的非劣解集在目标函数空间是非凸的（nonconvex）.

测试函数 3：

$$\begin{cases}\min f_1(x)=1-\mathrm{e}^{-4x_1}\sin^6(6\pi x_1),\\ \min f_2(x)=g(x)\cdot(1-f_1(x)/g(x))^2,\\ g(x)=1+4(\sum_{i=2}^{6}x_i/4)^{0.25},\\ x_i\in[0,1],\quad i=1,2,\cdots,6.\end{cases}$$

此函数的非劣解集在目标函数空间是凸的（convex）.

测试函数 4：

$$\begin{cases}\min f_1(x)=1-\exp(-(x_1-1)^2-(x_2+1)^2),\\ \min f_2(x)=1-\exp(-(x_1+1)^2-(x_2-1)^2),\\ x_1,x_2\in[-10,10].\end{cases}$$

此函数的非劣解集在目标函数空间是非凸的（nonconvex）.

测试函数 5:

$$\begin{cases}\min f_1(x)=1+(A_1-B_1)^2+(A_2-B_2)^2,\\ \min f_2(x)=(x_1+3)^2+(x_2+1)^2,\\ A_1=0.5\sin1-2\cos1+\sin2-1.5\cos2,\\ A_2=1.5\sin1-\cos1+2\sin2-0.5\cos2,\\ B_1=0.5\sin x_1-2\cos x_1+\sin x_2-1.5\cos x_2,\\ B_1=1.5\sin x_1-\cos x_1+2\sin x_2-0.5\cos x_2,\\ x_1,x_2\in[-\pi,\pi].\end{cases}$$

此函数的非劣解集在目标函数空间是凸（convex）的且不连续（disconnected）.

测试函数 6：

$$\begin{cases}\min f_1(x)=x_1,\ \min f_2(x)=\dfrac{g(x_2)}{x_1},\ x_1,x_2\in[0.1,1.0],\\ g(x_2)=2-\exp\left\{-\left(\dfrac{x_2-0.2}{0.004}\right)^2\right\}-0.8\cdot\exp\left\{-\left(\dfrac{x_2-0.6}{0.4}\right)^2\right\}.\end{cases}$$

此函数的非劣解集在目标函数空间是凸的（convex）.

测试函数 7：

$$\begin{cases}\min f_1(x)=\sum\limits_{i=i}^{n-1}\left(-10\mathrm{e}^{0.2\sqrt{x_i^2+x_{i+1}^2}}\right),\\ \min f_2(x)=\sum\limits_{i=1}^{n}\left(|x_i|^{0.8}+5\sin(x_i)^3\right),\\ x=(x_1,x_2,x_3),\ x_1,x_2,x_3\in[-5,5].\end{cases}$$

此函数的非劣解集在目标函数空间是非凸的且不连续（nonconvex and disconnected）.

测试函数 8：

$$\begin{cases}\min f_1(x)=\sin\left(\dfrac{\pi}{2}x_1\right),\\ \min f_2(x)=\dfrac{\left(1-\exp\left(-\dfrac{(x_2-0.1)^2}{0.0001}\right)\right)+\left(1-0.5\cdot\exp\left(-\dfrac{(x_2-0.8)^2}{0.8}\right)\right)}{\arctan(100\cdot x_1)},\\ x_1,x_2\in[0,1].\end{cases}$$

此函数的非劣解集在目标函数空间是非凸的（nonconvex）.

测试函数 9：

$$\begin{cases}\min f_1(x)=x_1,\\ \min f_2(x)=(1+10x_2)\cdot\left[1-\left(\dfrac{x}{1+10x_2}\right)^2-\dfrac{x}{1+10x_2}\sin(8\pi x_1)\right],\\ 0\leqslant x_1,x_2\leqslant 1.\end{cases}$$

此函数的非劣解集在目标函数空间是不连续（disconnected）.

以上仅列举了几个常用的具有两个目标的测试函数，根据已有的对测试函数的研究结果知，这些测试函数是有效的．然而，由于这些问题较为简单，其不能真正代表现实世界的应用问题，所以难以充分检验出设计的算法的求解能力和搜索效率.

9.1.2　约束 SMOP 测试函数

评价一个静态多目标优化算法性能的实验函数应该包含带约束的多目标优化问题，现有的文献[8~12]已经提出了许多线性和非线性的带约束的静态多目标测试函数，然而，目前 Binh and Tanaka[12]提出的约束多目标优化问题具有一定的代表性，分别记作测试函数 BIN 和 TAN，该函数具体表示见表 9.1.1.

表 9.1.1　测试函数 BIN 和 TAN

函数名称	函数定义	约束条件
BIN	$\min/\max f(x)=(f_1(x),f_2(x))$ $f_1(x)=4x_1{}^2+4x_2{}^2$ $f_2(x)=(x_1-5)^2+(x_2-5)^2$	$0\leqslant x_1\leqslant 5, 0\leqslant x_2\leqslant 3$ $(x_1-5)^2+x_2{}^2-25\leqslant 0$ $-(x_1-8)^2-(x_2+3)^2+7.7\leqslant 0$
TAN	$\min/\max f(x)=(f_1(x),f_2(x))$ $f_1(x)=x_1$ $f_2(x)=x_2$	$0\leqslant x_1,x_2\leqslant \pi$ $-x_1{}^2-x_2{}^2+1+\left(a\cos\left(b\arctan\left(\dfrac{x_1}{x_2}\right)\right)\right)\leqslant 0$

BIN 函数包括一条凸的 Pareto 前沿面，约束条件为线性的．而 Tanaka 给出的测试函数 TAN 的两个约束带有两个可调节的参数 a,b（一般取 $a=0.1,b=16$）．利用这两个参数可以变化 Pareto 最优解集和 Pareto 前沿面的特征，使 Pareto 前沿面的变化范围包含一条或多条连续前沿曲线以及多个并不连通的前沿曲线.

下面给出 Srinivas[13] 和 Osyczka[14] 构造的两个复杂约束静态多目标优化测试函数，分别记作 SRN，OSY，其也是被人们采用较多的一类测试函数（如表 9.1.2 所示）.

表 9.1.2　测试函数 SRN，OSY

函数名称	函数定义	约束条件
SRN	$\min f(x)=(f_1(x),f_2(x))$ $f_1(x)=2+(x_1-2)^2+(x_2-1)^2$ $f_2(x)=9x_1-(x_2-1)^2$	$x_1^2+x_2^2\leqslant 225$ $x_1-3x_2+10\leqslant 10$ $-20\leqslant x_1,x_2\leqslant 20$
OSY	$\min/\max f(x)=(f_1(x),f_2(x))$ $f_1(x)=-(25(x_1-2)^2+(x_2-2)^2$ $+(x_3-1)^2+(x_4-4)^2+(x_5-1)^2)$ $f_2(x)=\sum_{i=1}^{6}x_i^2$	$x_1+x_2-2\geqslant 0, 6-x_1-x_2\geqslant 0$ $2-x_2+x_1\geqslant 0, 2-x_1+3x_2\geqslant 0$ $4-(x_3-3)^2-x_4\geqslant 0$ $(x_5-3)^2+x_6-4\geqslant 0$ $0\leqslant x_1,x_2,x_6\leqslant 10,$ $1\leqslant x_3,x_5\leqslant 5, 0\leqslant x_4\leqslant 6$

对于测试函数 SRN，其最优解集为 $x_1^*=-2.5$, $x_2^*\in[-14.79,2.50]$，且目标空间形成的 Pareto 前沿面是一张曲面，其图形可参见文献[13]．而测试函数 OSY，带有 6 个约束条件，其中 4 个线性的，而该函数具有 6 个决策变量，在目标空间中的 Pareto 前沿面是非凸且不连续的．

9.1.3　ZDT 测试函数集

下面 5 个测试函数 ZDT1～ ZDT5 是 K. Deb[15,16] 于 1999 年提出的，函数性态复杂，对其求解较为困难，因此定义为静态多目标优化困难问题，常被用作测试静态多目标优化算法性能的有效测试函数．这些函数都由如下的形式定义：

$$\begin{cases}\min F(X)=(f_1(x_1),f_2(X)),\\ \text{s.t.}\quad f_2(X)=g(X)\cdot h(f_1(x_1),g(X)),\end{cases}$$

其中，$X=(x_1,x_2,\cdots,x_m)$．

ZDT1：

$$\begin{cases}f_1(x_1)=x_1,\\ g(X)=1+9\cdot\sum_{i=2}^{m}x_i/(m-1),\\ h(f_1,g)=1-\sqrt{f_1/g},\end{cases}$$

其中，$m=30$, $x_i\in[0,1]$，$i=1,2,\cdots,m$，此函数的非劣解集在目标函数空间是凸的．

ZDT2：

$$\begin{cases} f_1(x_1)=x_1, \\ g(X)=1+9\cdot\sum_{i=2}^{m}x_i/(m-1), \\ h(f_1,g)=1-(f_1/g)^2, \end{cases}$$

其中， $m=30$, $x_i\in[0,1]$， $i=1,2,\cdots,m$ ，此函数的非劣解集在目标函数空间是非凸的.

ZDT3：

$$\begin{cases} f_1(x_1)=x_1, \\ g(X)=1+9\cdot\sum_{i=2}^{m}x_i/(m-1), \\ h(f_1,g)=1-\sqrt{f_1/g}-(f_1/g)\cdot\sin(10\cdot\pi f_1), \end{cases}$$

其中,$m=30, x_i\in[0,1], i=1,2,\cdots,m$。此函数包含有 21^9 个局部 Pareto 前沿面，因此，它适合于评价算法对多模态函数的测试能力.

ZDT4：

$$\begin{cases} f_1(x_1)=x_1, \\ g(X)=1+10\cdot(m-1)+\sum_{i=2}^{m}(x_i^2-10\cos(4\pi x_i)), \\ h(f_1,g)=1-\sqrt{f_1/g}, \end{cases}$$

其中， $m=10$, $x_1\in[0,1], x_i\in[-5,5]$， $i=2,\cdots,m$. 此函数的非劣解集在目标函数空间是不连续的，即它由一些不相邻的凸区域组成.

ZDT5：

$$\begin{cases} f_1(x_1)=1-\exp(-4x_1)\sin^6(6\pi x_1), \\ g(X)=1+9\cdot(\sum_{i=2}^{m}x_i/(m-1))^{0.25}, \\ h(f_1,g)=1-(f_1/g)^2, \end{cases}$$

其中， $m=10$, $x_i\in[0,1]$， $i=1,2,\cdots,m$. 此函数的非劣解集在目标函数空间是非凸且分布不均匀.

9.1.4　DTLZ 测试函数集

在文献[17]中，K. Deb 等构造了一组测试函数，连接作者名的第一个字母将其命名成 DTLZ，该组函数共包括 9 个，下面对测试函数 DTLZ1~DTLZ9 作个简单叙述. 关于此函数更加详细的性态、函数在目标空间中解的图形分布等可参考文献[17].

DTLZ1：

$$\begin{cases}\min f_1(X)=\dfrac{1}{2}x_1x_1\cdots x_{M-1}(1+g(X_M)),\\ \min f_2(X)=\dfrac{1}{2}x_1x_1\cdots(1-x_{M-1})(1+g(X_M)),\\ \quad\cdots\cdots\\ \min f_{M-1}(X)=\dfrac{1}{2}x_1(1-x_2)(1+g(X_M)),\\ \min f_M(X)=\dfrac{1}{2}(1-x_1)(1+g(X_M)),\\ \text{s.t.}\quad 0\leqslant x_i\leqslant 1, i=1,2,\cdots,n.\end{cases}$$

该函数的解是一个具有线性形式的 Pareto 最优边界的 M 个目标的静态多目标测试函数，决策变量的后 $k-M+1$ 个变量表示为 X_M ，函数 $g(X_M)$ 要求有 $k=|X_M|$ 个变量且满足 $g(X_M)\geqslant 0$ ． K. Deb 等建议取如下函数

$$g(X_M)=100\left[|X_M|+\sum_{x_i\in X_M}(x_i-0.5)^2-\cos(20\pi(x_i-0.5))\right].$$

该函数在取得 Pareto 最优前沿面时，对应着属于 X_M 的所有值为 0.5，目标函数值满足 $\sum_{m=1}^{M}f_m=0.5$ 的线性超平面．对该问题，算法一般难以收敛到其真正的 Pareto 前沿面，因为对应搜索空间包含 (11^k-1) 个局部 Pareto 前沿面，因此，算法一般会收敛到局部最优解集．

DTLZ2：

$$\begin{cases}\min f_1(X)=(1+g(X_M))\prod_{i=1}^{M-1}\cos(x_i^{\alpha}\pi/2),\\ \min f_2(X)=(1+g(X_M))\prod_{i=1}^{M-2}\cos(x_i^{\alpha}\pi/2)\sin(x_{M-1}{}^{\alpha}\pi/2),\\ \min f_3(X)=(1+g(X_M))\prod_{i=1}^{M-3}\cos(x_i^{\alpha}\pi/2)\sin(x_{M-2}{}^{\alpha}\pi/2),\\ \quad\cdots\cdots\\ \min f_{M-1}(X)=(1+g(X_M))\cos(x_i^{\alpha}\pi/2)\sin(x_2{}^{\alpha}\pi/2),\\ \min f_M(X)=(1+g(X_M))\sin(x_1\pi/2),\\ \text{s.t.}\quad 0\leqslant x_i\leqslant 1,\quad i=1,2,\cdots,n,\quad g(X_M)=\sum_{x\in X_M}(x_1-0.5)^2.\end{cases}$$

这里，K. Deb 建议参数 $\alpha = 100$ ， X 包括 $k = n - M + 1$ 个变量，此测试函数目标空间的 Pareto 前沿面对应决策空间中的 x_i 都取值为 0.5，且目标函数值满足 $\sum_{i=1}^{M} f_i^2 = 1$. 该问题通常被用来测试一个静态多目标优化算法在增加目标个数时的运算能力，为增加该函数的测试效率，对于变量 x_i 还可以用其均值代替，即 $x_i = \frac{1}{p} \sum_{k=(i-1)p+1}^{ip} x_k$.

为了测试静态多目标优化进化算法收敛到全局 Pareto 最优前沿面的能力，在 DTLZ2 中采用 DTLZ1 中建议的函数 $g(X_M)$ ，从而得到 DTLZ3 测试函数.

DTLZ3：

$$
\begin{cases}
\min f_1(X) = (1 + g(X_M)) \prod_{i=1}^{M-1} \cos(x_i{}^{\alpha}\, \pi/2), \\
\min f_2(X) = (1 + g(X_M)) \prod_{i=1}^{M-2} \cos(x_i{}^{\alpha}\, \pi/2) \sin(x_{M-1}{}^{\alpha}\, \pi/2), \\
\min f_3(X) = (1 + g(X_M)) \prod_{i=1}^{M-3} \cos(x_i{}^{\alpha}\, \pi/2) \sin(x_{M-2}{}^{\alpha}\, \pi/2), \\
\qquad \cdots\cdots \\
\min f_{M-1}(X) = (1 + g(X_M)) \cos(x_1{}^{\alpha}\, \pi/2) \sin(x_2{}^{\alpha}\, \pi/2), \\
\min f_M(X) = (1 + g(X_M)) \sin(x_1\, \pi/2), \\
\text{s.t.} \quad 0 \leqslant x_i \leqslant 1, \quad i = 1, 2, \cdots, n, \\
\quad g(X_M) = 100[|X_M| + \sum_{x_i \in X_M} (x_i - 0.5)^2 - \cos(20\pi(x_i - 0.5))].
\end{cases}
$$

这里，通过 $g(X_M)$ 函数使得搜索空间增加了一个局部 Pareto 前沿面和一个全局 Pareto 前沿面，所有的局部 Pareto 前沿面都平行于全局 Pareto 前沿面，该函数使得测试算法容易陷入局部前沿面. 当 $x_i = 0.5 (x_i \in X_M)$ ， $g = 0$ 时，该问题达到全局前沿面，若采用更大的值或更高频率的余弦函数，问题的难度将会增大.

为了测试一个静态多目标优化进化算法保持解的良好分布及收敛到全局 Pareto 最优前沿面的能力，通过修改 DTLZ2，采用不同的决策变量到目标函数的映射方式，得到 DTLZ4 测试函数.

DTLZ4：

$$
\begin{cases}
\min f_1(X) = (1+g(X_M))\prod_{i=1}^{M-1}\cos(x_i^{\alpha}\,\pi/2), \\
\min f_2(X) = (1+g(X_M))\prod_{i=1}^{M-2}\cos(x_i^{\alpha}\,\pi/2)\sin(x_{M-1}^{\alpha}\,\pi/2), \\
\min f_3(X) = (1+g(X_M))\prod_{i=1}^{M-3}\cos(x_i^{\alpha}\,\pi/2)\sin(x_{M-2}^{\alpha}\,\pi/2), \\
\quad\cdots\cdots \\
\min f_{M-1}(X) = (1+g(X_M))\cos(x_1^{\alpha}\,\pi/2)\sin(x_2^{\alpha}\,\pi/2), \\
\min f_M(X) = (1+g(X_M))\sin(x_1^{\alpha}\,\pi/2), \\
\text{s.t. } 0 \leqslant x_i \leqslant 1,\ i=1,2,\cdots,n;\ g(X_M) = \sum_{x_i \in X_M}(x_i - 0.5)^2.
\end{cases}
$$

这里，K. Deb 建议参数 $\alpha = 100$ ，该函数在靠近 $f_M \sim f_1$ 平面取得更加密集的解的分布，且最终解的分布依赖初始群体分布.

对于测试函数 DTLZ5，其形式与 DTLZ2 相似，只是用关于 X 的函数取代目标函数中 x 的取值，其描述如下：

DTLZ5：

$$
\begin{cases}
\min f_1(X) = (1+g(X_M))\prod_{i=1}^{M-1}\cos(\theta_i\,\pi/2), \\
\min f_2(X) = (1+g(X_M))\prod_{i=1}^{M-2}\cos(\theta_i\,\pi/2)\sin(\theta_{M-1}\,\pi/2), \\
\min f_3(X) = (1+g(X_M))\prod_{i=1}^{M-3}\cos(\theta_i\,\pi/2)\sin(\theta_{M-2}\,\pi/2), \\
\qquad\cdots\cdots \\
\min f_{M-1}(X) = (1+g(X_M))\cos(\theta_1\,\pi/2)\sin(\theta_2\,\pi/2), \\
\min f_M(X) = (1+g(X_M))\sin(\theta_1\,\pi/2), \\
\theta_i = \dfrac{\pi}{4(1+g(X_M))}(1+2g(X_M)x_i), \quad i=1,\cdots,(M-1), \\
\text{s.t. } \quad 0 \leqslant x_i \leqslant 1, \quad i=1,\cdots,n;\ g(X_M) = \sum_{x_i \in X_M}(x_i - 0.5)^2.
\end{cases}
$$

该测试函数用于测试静态多目标优化算法收敛到一条曲线的能力，其可直观地显示算法的性能，且 Pareto 前沿面对应 X_M 中所有的 $x_i = 0.5$ ，目标函数满足 $\sum_{i=1}^{M} f_i^2 = 1$.

DTLZ6：对于 DTLZ5 中函数 g 加以改进，使得问题变得更加复杂而产生测试函数 DTLZ6，其中 $g(X_M)=\sum_{x_i\in X_M} x_i^{0.1}$. 对于 DTLZ6，其 Pareto 前沿面和 DTLZ5 一样，只是算法在实际红难以找到这一曲线，其 Pareto 最优前沿面对应 X_M 中所有的 $x_i=0$.

测试函数 DTLZ7 是一个具有一组不连续 Pareto 最优前沿面的测试函数，其表示形式为

DTLZ7：

$$\begin{cases}\min f_1(X_1)=x_1,\\ \min f_2(X_2)=x_2,\\ \qquad\cdots\cdots\\ \min f_{M-1}(X_{M-1})=x_{M-1},\\ \min f_M(X)=(1+g(X_M))h(f_1,f_2,\cdots,f_{M-1},g),\\ h(f_1,f_2,\cdots,f_{M-1},g)=M-\sum_{i=1}^{M-1}\left[\dfrac{f_i}{1+g}(1+\sin(3\pi f_i))\right],\\ \text{s.t.}\quad 0\leqslant x_i\leqslant 1,\quad i=1,\cdots,n,\quad g(X_M)=1+\dfrac{9}{|X_M|}\sum_{x_i\in X_M}x_i,\end{cases}$$

其中，g 取 $k=|X_M|=n-M+1$ 个决策变量，该测试函数在搜索空间分布着 2^{M-1} 个离散的 Pareto 最优解前沿面，其对应 $X_M=0$. 该测试函数可用来测试一个进化算法使最优解在不同 Pareto 前沿面保持较好的分布.

DTLZ8：

$$\begin{cases}\min f_j(X)=\dfrac{1}{\left\lfloor \dfrac{n}{M}\right\rfloor}\sum_{i=\left\lfloor (j-1)\frac{n}{M}\right\rfloor}^{\left\lfloor j\frac{n}{M}\right\rfloor}x_i,\quad j=1,\cdots,M,\\ \text{s.t.}\quad g_j(X)=f_M(X)+4f_j(X)-1\geqslant 0, j=1,\cdots,M-1,\\ \qquad g_M(X)=2f_M(X)+\min_{\substack{i,j=1\\ i\neq j}}^{M-1}[f_i(X)+f_j(X)]-1\geqslant 0,\\ \qquad 0\leqslant x_i\leqslant 1, i=1,\cdots,n.\end{cases}$$

该测试函数一般要求决策变量个数大于目标个数，即 $n>M$ ，建议取 $n=10M$. 在此问题中共有个约束条件，其 Pareto 最优前沿面由一条直线和一个超平面组成，其中直线是前 $M-1$ 个约束条件的交集，超平面反映了函数 g_M 的约束，一般来讲，多目标进化算法难以找到上述的两个区域，也难以使个体在超平面上保持良好的分布度.

DTLZ9：
$$\begin{cases}\min f_j(X)=\sum_{i=\left\lfloor (j-1)\frac{n}{M}\right\rfloor}^{\left\lfloor j\frac{n}{M}\right\rfloor} x_i^{0.1}, & j=1,\cdots,M,\\ \text{s.t.}\quad g_j(X)=f_M^{\,2}(X)+f_j^{\,2}(X)-1\geqslant 0, & j=1,\cdots,M-1,\\ 0\leqslant x_i\leqslant 1, & i=1,\cdots,n.\end{cases}$$

该测试函数同 DTLZ8，其变量个数应大于目标函数个数，建议取 $n=10M$. 该测试函数的 Pareto 前沿面与 DTLZ5 相似，对应 $f_1=f_2=\cdots=f_{M-1}$，其处于 $M-1$ 个约束条件的交集上，但是在 Pareto 最优解前沿面附近点的分布远没有 DTLZ5 那样密集. 由 f_M 和另外任何一个目标函数组成的二维空间中，Pareto 前沿面是单位圆的四分之一圆弧，除了 f_M 外的任意两个目标函数组成的二维空间中，Pareto 最优前沿面是一条斜角为 45° 的直线段. 对于一个所目标优化进化算法，很难找到整个 Pareto 前沿面，而仅仅能找到其中局部 Pareto 前沿面.

9.2　动态多目标优化测试函数

9.2.1　无约束 DMOP 测试函数

对于动态多目标优化测试函数，一般可将其分为动态无约束多目标测试函数和动态约束多目标测试函数两类，对于动态无约束多目标测试函数目前文献中出现的较多，其中较为典型的是K. Deb 在文献[18,19]中给出的定义在连续搜索空间上的动态多目标测试函数FDA1~FDA5，其中FDA1~FDA2参见第4章测试函数DMOP1、DMOP3和DMOP2，本节对FDA4~FDA5作个简要介绍.

测试函数FDA4：

$$\begin{cases}\min f(x,t)=(f_1(x_{\mathrm{I}},t),g(x_{\mathrm{II}},t)\cdot h(f_1(x_{\mathrm{I}},t),g(x_{\mathrm{II}},t),t)),\\ \text{s.t.}\ \ f_1(x,t)=(1+g(x_{\mathrm{II}},t))\prod_{i=1}^{m-1}\cos\left(\dfrac{x_i\pi}{2}\right),\\ f_k(x,t)=(1+g(x_{\mathrm{II}},t))\left(\prod_{i=1}^{m-k}\cos\left(\dfrac{x_i\pi}{2}\right)\right)\sin\left(\dfrac{x_{m-k+1}\pi}{2}\right),\quad k=2:(m-1),\\ f_m(x,t)=(1+g(x_{\mathrm{II}},t))\sin\left(\dfrac{x_i\pi}{2}\right),\quad g(x_{\mathrm{II}})=\sum_{x_i\in x_{\mathrm{II}}}(x_i-H(t))^2,\\ H(t)=|\sin(0.5\pi t)|,\quad x=(x_{\mathrm{I}},x_{\mathrm{II}}),\quad x_{\mathrm{II}}=(x_m,\cdots,x_n),\\ t=\dfrac{1}{n_t}\left\lfloor\dfrac{\tau}{\tau_T}\right\rfloor,\quad |x|=n,\quad n=m+9,\quad |x_{\mathrm{II}}|=10,\quad x_i\in[0,1],\quad i=1,2,\cdots,n.\end{cases}$$

对于此函数，其Pareto最优解集 $P_S(t)$ 不随时间（环境）变化，而Pareto前沿

面 $P_F(t)$ 随时间发生改变，且Pareto前沿面是非凸的（nonconvex）.

$$
\begin{cases}
\min f(x,t)=(f_1(x_{\mathrm{I}},t),g(x_{\mathrm{II}},t)\cdot h(f_1(x_{\mathrm{I}},t),g(x_{\mathrm{II}},t),t)),\\
\text{s.t. } f_1(x,t)=(1+g(x_{\mathrm{II}},t))\prod_{i=1}^{m-1}\cos\left(\dfrac{y_i\pi}{2}\right),\\
f_k(x,t)=(1+g(x_{\mathrm{II}},t))\left(\prod_{i=1}^{m-k}\cos\left(\dfrac{y_i\pi}{2}\right)\right)\sin\left(\dfrac{y_{m-k+1}\pi}{2}\right);\quad k=2:(m-1),\\
f_m(x,t)=(1+g(x_{\mathrm{II}},t))\sin\left(\dfrac{y_i\pi}{2}\right);g(x_{\mathrm{II}})=H(t)+\sum_{x_i\in x_{\mathrm{II}}}(x_i-H(t))^2,\\
y_i=x_i^{F(t)},\quad i=1,2,\cdots,(m-1),\\
F(t)=1+100\sin^4(0.5\pi t),\quad H(t)=|\sin(0.5\pi t)|,\\
x=(x_{\mathrm{I}},x_{\mathrm{II}}),\quad x_{\mathrm{II}}=(x_m,\cdots,x_n),\\
t=\left(\dfrac{1}{n_t}\right)\left\lfloor\dfrac{\tau}{\tau_T}\right\rfloor,\quad x_i\in[0,1],\quad i=1,2,\cdots,n.
\end{cases}
$$

该函数的Pareto最优解集 $P_S(t)$ 和Pareto前沿面 $P_F(t)$ 随函数 $G(t)$ 的变化均发生改变，且其Pareto前沿面 $P_F(t)$ 上解的密度随着时间的变化发生变化.

对于K. Deb 提出的动态多目标测试函数FDA1~FDA5，其代表了动态多目标优化问题（1.3.1）决策空间中的Pareto最优解集 $(P_S(t))$ 和目标空间中的Pareto前沿面 $(P_F(t))$ 随时间变化的前三种方式（绪论1.3节）. 为了更加有效测试动态多目标优化算法的性能，在文献[18]中，作者在测试函数FDA2基础上，构造了一个新的动态多目标优化问题FDA2$_{\text{mod}}$，该问题其Pareto前沿面随着决策变量从一个凸曲面(convex)变化到凹(concave)曲面，因此，算法对其求解是相当困难的.

测试函数FDA2$_{\text{mod}}$:

$$
\begin{cases}
\min f(x,t)=(f_1(x_I,t),f_2(g,h)),\\
\text{s.t. } f_1(x_{\mathrm{I}})=x_1,f_2(g,h)=g\cdot h(f,g),\\
g(x_{\mathrm{II}},x_{\mathrm{III}})=1+\sum_{x_i\in x_{\mathrm{II}}}x_i^2+\sum_{x_i\in x_{\mathrm{III}}}(x_i+1)^2,\\
h(f_1,g)=1-\left(\dfrac{f_1}{g}\right)^{(H(t(\tau))}\quad,\\
H(t)=\ 0.2+4.8t(\tau)^{\ 2},\quad t(\tau)\ =\dfrac{1}{n_t}\left\lfloor\dfrac{\tau}{\tau_t}\right\rfloor,\\
x_{\mathrm{I}}\in\ [0,1],\\
x_{\mathrm{II}}=(x_2,\cdots,x_{r_1})^{\mathrm{T}}\in[-1,1]^{r_1-1},\\
x_{\mathrm{III}}=(x_{r_1+1},\cdots,x_n)^{\mathrm{T}}\in[-1,1]^{n-r_1-1}.
\end{cases}
$$

在文献[20]中，J. Mehnen等在文献[21]中定义的静态多目标优化问题基础上，进一步构造了三个较为复杂的动态多目标优化测试函数DSW1~DSW3，该组测试函数具有相同的目标函数，其主要差别在于目标函数中参数的选取，下面对DSW1-DSW3做个详细介绍.

测试函数 DSW1：

$$\begin{cases} \min(f_1(x), f_2(x)), \\ f_1(x) = (a_{11}x_1 + a_{12}|x_1| - b_1 \cdot G(t))^2 + \sum_{i=2}^{n} x_i^2, \\ f_2(x) = (a_{21}x_1 + a_{22}|x_1| - b_2 \cdot (G(t) - 2))^2 + \sum_{i=2}^{n} x_i^2, \\ G(t) = \left\lfloor \dfrac{\tau}{\tau_T} \right\rfloor, \quad x \in [-50, 50]^n, \\ a_{11} = 1, a_{12} = 0, a_{21} = 1, a_{22} = 0, b_1 = 1, b_2 = 1. \end{cases}$$

对于测试函数DSW1，其有一个固定不变的的Pareto前沿面 $f_2^* = (\sqrt{f_1^*} - 2)^2$ 和一组移动的Pareto前沿面，且其最优解集位于区间 $[G(t), G(t)+1]$.

测试函数 DSW2：

$$\begin{cases} \min(f_1(x), f_2(x)), \\ f_1(x) = (a_{11}x_1 + a_{12}|x_1| - b_1 \cdot G(t))^2 + \sum_{i=2}^{n} x_i^2, \\ f_2(x) = (a_{21}x_1 + a_{22}|x_1| - b_2 \cdot (G(t) - 2))^2 + \sum_{i=2}^{n} x_i^2, \\ G(t) = \left\lfloor \dfrac{\tau}{\tau_T} \right\rfloor, \quad x \in [-50, 50]^n, \\ a_{11} = 0, a_{12} = 1, a_{21} = 0, a_{22} = 1, b_1 = 1, b_2 = 1. \end{cases}$$

该测试函数具有两个相对分离的Pareto最优解集，且和DSW2一样具有随时间不变的Pareto前沿面，当 $n=1$ 时，其对应决策空间中的Pareto最优解集位于区间 $[-G(t)-2, -G(t)] \cup [G(t), G(t)+2]$ 内.

测试函数 DSW3：

$$\begin{cases} \min(f_1(x), f_2(x)), \\ f_1(x) = (a_{11}x_1 + a_{12}|x_1| - b_1 \cdot G(t))^2 + \sum_{i=2}^{n} x_i^2, \\ f_2(x) = (a_{21}x_1 + a_{22}|x_1| - b_2 \cdot (G(t)-2))^2 + \sum_{i=2}^{n} x_i^2, \\ G(t) = \left\lfloor \dfrac{\tau}{\tau_T} \right\rfloor, \quad x \in [-50, 50]^n, \\ a_{11} = 1, \quad a_{12} = 0, \quad a_{21} = 1, \quad a_{21} = 0, \quad b_1 = 0, \quad b_2 = 1. \end{cases}$$

该测试函数的Pareto最优解集所处区间的右边界随时间是变化的，而其他边界保持静止，且随时间的增加，其在目标空间的Pareto前沿面不断扩张.

另外，在文献[2]中，作者借助静态多目标优化问题给出了利用增加权重方法产生动态多目标优化测试函数的方法，在此不作详细介绍，有关具体方法参见文献[2].

9.2.2 约束 DMOP 测试函数

上节给出了一些动态无约束多目标优化测试函数，然而，对于带复杂约束的DMOP测试函数，目前文献中给出的较少. 其中最为典型的是K. Deb等 [22]在解决水热器动力系统（hydro-thermal power generation system）问题中，根据该问题的具体特征，将其看做是一个带约束的双目标动态优化问题，构造了一个带复杂约束的双目标动态优化问题，记作测试函数OPF，其具体形式为

$$\begin{cases} \min f(x) = (f_1(x), f_2(x)), \quad x = (P_{ht}, P_{st}), \\ f_1(x) = \sum_{t=1}^{M} \sum_{s=1}^{N_s} t_T [a_s + b_s P_{st} + c_s P_{st}^2 + |d_s \sin\{(e_s(P_s^{\min} - P_{st})\}|], \\ f_1(x) = \sum_{t=1}^{M} \sum_{s=1}^{N_s} t_T [a_s + \beta_s P_{st} + \gamma_s P_{st}^2 + \eta_s \exp(\delta_s P_{st})], \\ \sum_{s=1}^{N_s} P_{st} + \sum_{h=1}^{N_h} P_{ht} - P_{Dt} - P_{Lt} = 0, \quad t = 1, 2, \cdots, M, \\ \sum_{t=1}^{M} t_T (a_{0h} + a_{1h} P_{ht} + a_{2h} P_{ht}^2) - W_h = 0, \quad h = 1, 2, \cdots, N_h, \\ P_s^{\min} \leqslant P_{st} \leqslant P_s^{\max}, \quad s = 1, 2, \cdots, N_s, \quad t = 1, 2, \cdots, M, \\ P_h^{\min} \leqslant P_{ht} \leqslant P_h^{\max}, \quad h = 1, 2, \cdots, N_h, \quad t = 1, 2, \cdots, M, \end{cases}$$

其中，N_h 表示水电发生器 P_{ht} 的个数，N_s 表示热熔产生器 P_{st} 的个数，且 $x = (P_{ht}, P_{st})$，$M = T/_{t_T}$ 表示在整个作业时间段问题发生变化的总次数（t_T 表示固定的区间）. 作者建议在第t个固定区间上，$P_{Lt} = \sum_{i=1}^{N_h+N_s} \sum_{j=1}^{N_h+N_s} P_{it} P_{ij} P_{jt}$. 另外，该测试函数有 $M(N_s + N_h)$ 个变量、$M + N_h$ 个等式约束及 $2M(N_s + N_h)$ 个变量边

界（variable bounds）.

9.3　本 章 小 结

评价一个静态/动态多目标优化进化算法的性能时，如何选择一些合适且具有代表性的困难函数作为测试算法的工具是非常重要的，本章简要介绍了一些常用的静态/动态无约束及带约束的多目标测试函数，并对其属性进行了简要叙述．然而，对于算法性能进行测试时，还需考虑具体问题与测试问题特征最相近的内容，以此作为挑选测试函数的依据，这就需要研究者根据自己的经验和计算论证之后，再从众多的测试函数集中寻求合适的函数．因此，如何设计和构造有效的静态/动态多目标优化测试函数还需进一步研究．

参 考 文 献

[1] Farina M, Deb K, Amato P. Dynamic multi-objective optimization problems: Test cases, approximation, and applications. IEEE Transactions on Evolutionary Computation, 2004, 8(5): 311-326.

[2] Jin Y C, Sendhoff B. Constructing dynamic optimization test problems using the multiobjective optimization concept. //Proc. of the Evolutionary Workshops 2004, LNCS 3005. Heidelberg: Springer-Verlag, 2004: 525-536.

[3] David A,Van Veldhuizen, Gary B L. Evolutionary computation and convergence to a Pareto front. The Genetic Programming 1998 Conference, 1998: 221-228.

[4] Veldhuizen D V. Multi-objective evolutionary algorithms: Classifications, analysis, and new innovation. Ph.D dissertation, Air Force Institute of Technology, Air University, USA.

[5] Chen Q, Guan S W. Incremental multiple objective genetic algorithms. IEEE Transactions on Evolutionary Computation, 2004, 34(3): 1325-1334.

[6] Tan K C, Lee T H, Khor E F. Evolutionary algorithms with dynamic population size and local exploration for multi-objective optimization. IEEE Transactions on Evolutionary Computation, 2001, 5(6): 565-587.

[7] Gary G Y, Lu H M. Dynamic multi-objective evolutionary algorithm: Adaptive cell-based rank and density estimation. IEEE Transactions on Evolutionary Computation, 2003, 7(3): 253-274.

[8] David A, Van Veldhuizen, Gary B L. Evolutionary computation and convergence to a Pareto front. The Genetic Programming 1998 Conference, 1998: 221-228.

[9] Lino C, Pedro O. An elitist genetic algorithms for multi-objective optimization. MIC'2001 4th Metaheuristics International Conference, Porto, Portugal, July 2001,16-20: 205-211.

[10] Deb K. Construction of test problem for multi-objective optimization. Banzlhaf W, et al. Eds.GECCO-99. Proceedings of the genetic and evolutionary computation Conference. San Fransisco: Morgan Kaufmann, 1999,(1):164-171.

[11] Lu H M, Gary G Yen. Rank-density-based multi-objective genetic algorithm and benchmark test function study. IEEE Transactions on Systems, Man and Cybernetics-Part B: Cybernetics, 2003, 7(4): 325-342.

[12] Tanaka M, Watanabe H, Furukawa Y and Tanino T. GA-Based decision support system for multicriteria optimization. Presented at proceeding of the international conference on systems, Man, and Cybernetics, Vol 2, Piscataway, N, IEEE, 1995.

[13] Srinivas N and Deb K (1995). Multi-Objective function optimization using non-dominated sorting geneti algorithms. Evolutionary Computation (2): 221-248.

[14] Osy Z A and Kundu S (1995). A new method to solve generalized multi criteria optimization problems using the simple genetic algorithm. Structural Optimization (10) : 94-99.

[15] Zitzler E, Deb K, Thele L. Comparison of multi-objective evolutionary algorithms: Empirical results. Evolutionary Computation, 2000, 8(2): 1-24.

[16] Deb K. Multi-objective genetic algorithms: Problem difficulties and construction of test problem. Evolutionary Computation, 1999, 7(3): 205-230.

[17] Deb K., Lothar Thiele, Marco Laumanns, et al. Scalable test problems for evolutionary multi-objective optimization. TIK-Tecknical Reporta, 2001, 112.

[18] Farina M, Deb K, Amato P. Dynamic multiobjective optimization problems: Test cases, approximation, and applications. Proc. of the Evolutionary Multiobjective Optimization International Conference, Faro, Portugal, 2003: 311-326.

[19] M. Farina, Deb K, Amato P. Dynamic multi-objective optimization problems: Test cases, approximation, and applications. IEEE Transactions on Evolutionary Computation, 2004, 8(5): 311-326.

[20] Mehnen J, Wagner T, Rudolph G. Evolutionary optimization of dynamic multi-objective test functions. http://www.isf.de/de/literatur/artikel/paper_580.html.

[21] Schaffer J D. Multiple objective optimization with vector evaluated genetic algorithms. Proceedings of the first interventional conference on genetic algorithms. Lawrence Erlbaum Ass, 1985: 93-100.

[22] Deb K, Bhaskara U R N, Karthik S. Dynamic multiobjective optimization and decision-making

using modified NSGA-II: A case on hydro-thermal power scheduling. //Proc. of the 4th International Conference on Evolutionary Multi-Criterion Optimization, LNCS 4403. Matsushima: Springer-Verlag, 2007: 803-817.

附录1　符 号 说 明

符号	说明
H_k	k 阶模式
$L(H_k)$	模式 H_k 所在串的长度
$o(H_k)$	模式 H_k 的阶
$\delta(H_k)$	模式 H_k 的定义距
$□^n$	n 维欧氏空间
□	实数域
$□^+$	正整数集
$□^+$	正有理集
$\prec$	非劣于
$\circ$	弱非劣于
$\lvert * \rvert$	集合“*”中元素的个数
$\lVert □ \rVert$	元素“□”的范数
$\lVert □ \rVert_2$	元素“□”的2-范数
$P\{\circ\}$	随机事件“∘”的概率
$\{\Omega, F, P\}$	概率空间
P_c	杂交概率
P_m	变异概率
□	远远大于
$\lfloor \cdot \rfloor$	实数“·”的下取整
$MC(□)$	个体“□”通过杂交和变异产生的个体
$\in$	属于
$\notin$	不属于
$\exists$	存在
$\wedge$	且，与
$\forall$	任意

附录 2　算法 DMEA 在固定时间（环境）*t* 下部分源程序

```
% 主程序：
Clc
Clear all
n=200;pc=0.8; pm=0.1;   % 参数选取
A1=0;B1=1;A2=0;B2=1;
[p1,p2]=testfunction(n,A1,B1,A2,B2);  % 初始种群
p=[p1;p2];
tic
for i=1:N
delm=zeros(1,N);
yp=testfy(p,n);
rank=cprank(yp,n);
d1=cpd1(yp,n);
d2=cpd2(d1,n);
D2=sum(d2)/n;
del=cpdensity(d1,D2,n);
DEN=var(del);
w=DEN/(max(delm)+1);
sl=cpselect(rank,n);
pp1=cumsum(sl);
p0=rselect(pp1,p,n);
pop=regood(rank,p,n);
poo=rpop(rank,pop,p0,n);
p00=crossover(poo,pc,n);
POP=mutation(p00,pm1,w,z,A1,B1,A2,B2,n);
PON=regood2(POP,Poo,de2,n);
```

```
POP3=rfeasible(PON,POP,A1,B1,A2,B2,n);
newp=NEWP(POP3,p,rank,n);
p=newp;
end
yyy=testfy(p,n);
rank4=cprank4(yyy,n);
yyyp=ypy(rank4,yyy,n)
yyyp
XX=yyyp(1,:);
YY=yyyp(2,:);
figure(1)
plot(XX,YY,'+')
toc
T=toc                          % 计算运行时间
% 对种群的个体进行排序
function rank=cprank(yp,n);
rank=zeros(1,n);
for i=1:n
    j=1;rank(i)=1;
    while j<=n
        if(yp(1,j)<yp(1,i)&yp(2,j)<yp(2,i))==1
            rank(i)=rank(i)+1;
        end
        j=j+1;
    end
% 对计算种群的密度
function d1=cpd1(yp,n);
d1=zeros(n,n);
for i=1:n
    j=1;
    while j<=n
        if (i==j)==1
```

```
            d1(i,j)=inf;
        else
d1(i,j)=sqrt((yp(1,i)-yp(1,j)).^2+(yp(2,i)-yp(2,j)).^2);
        end
        j=j+1;
    end
end
% 对种群按照密度进行分类
function del=cpdensity(d1,D2,n);
del=zeros(1,n);
for i=1:n
    j=1; del(i)=0;
   while ((j<=n)&(i~=j))==1
       if(d1(i,j)<=D2)==1
           del(i)=del(i)+1;
       end
       j=j+1;
   end
end
% 选择操作
function p0=rselect(pp1,p,n);
p0=zeros(2,n); k=1;
 for i=1:n
     r=rand;j=1;
     while j<=n
         if r<=pp1(1)
             p0(:,i)=p(:,1);
             break;
         end
         if r>=pp1(j)
             j=j+1;
         end
```

```
        if j==n|r<pp1(j)
            p0(:,i)=p(:,j-1);  k=k+1;
            break;
        end
    end
end
% 保优操作
function pop=regood(rank,p,n);
pop=zeros(2,n); k=1;
for i=1:n;
      if (rank(i)<=1)==1
       pop(:,i)=p(:,i);
      else
       pop(:,i)=0; k=k+1;
      end
 end
% 二次选择操作
function poo=rpop(rank,pop,p0,n);
 poo=zeros(2,n);k=1;
 for i=1:n
    if (rank(i)<=1)==1
        poo(:,i)=pop(:,i);
    else
        poo(:,i)=p0(:,i);k=k+1;
    end
 end
% 杂交操作
function POP2=crossover(POP,ppc,n);
POP2=zeros(2,n);
for i=1:n
    rt=rand(1,2)*n;
   if ((fix(rt(1))+1)<=ppc*n&(fix(rt(2))+1)<=ppc*n)==1
```

```
        aa=fix(rt(1))+1;bb=fix(rt(2))+1;
        rde=rand;
        POP2(:,i)=POP1(:,aa)+rde*(POP1(:,aa)-POP1(:,bb));
    else
        POP2(:,i)=POP1(:,i);
    end
end
% 变异操作
function  POP=mutation(p00,pm1,w,z,A1,B1,A2.B2,n);
POP=zeros(2,n);k=1;
for i=1:n
    mu=rand;mq=rand;mr=rand;
    if mu<=pm1
        if  mq<=0.5
             POP(1,i)=p00(1,i)+(B1-p00(1,i))*(1-mr.^w.^z);
             POP(2,i)=p00(2,i)+(B2-p00(2,i))*(1-mr.^w.^z);
         else
             POP(1,i)=p00(1,i)-(A1-p00(1,i))*(1-mr.^w.^z);
             POP(2,i)=p00(2,i)-(A2-p00(2,i))*(1-mr.^w.^z);
         end
    else
        POP(1,i)=p00(1,i);
        POP(2,i)=p00(2,i);
        k=k+1;
       end
  end
% 可行解的确定
function POP1=rfeasible(POP,poo,A1,B1,A2,B2,n);
POP1=zeros(2,n);
 for i=1:n
     if  (POP(1,i)<=B1&POP(1,i)>=A1)==1
         POP1(1,i)=POP(1,i);
```

```
    else
        POP1(1,i)=poo(1,i);
    end
     if (POP(2,i)<=B2&POP(2,i)>=A2)==1
        POP1(2,i)=POP(2,i);
    else
        POP1(2,i)=poo(2,i);
    end
 end
% 产生下一代种群
function newp=NEWP(POP3,p,rank,n);
for i=1:n
    if (rank(i)<=1)==1
        newp(:,i)=p(:,i);
    else
        newp(:,i)=POP3(:,i);
    end
end
```

附录 3　第 3 章绘制 *C*-measure 示意图部分源程序

```
% 对测试函数DMT1在不同环境t=0.2,0.4,0.6,0.8求得的最优解值导入所采用程
  序
clear all;
clc;
a1=[0.39 0.35 0.42 0.30 0.34 0.40 0.34 0.40;
    0.49 0.63 0.42 0.50 0.54 0.50 0.44 0.60]';
for i=1:2
   str1=num2str(i);
   str2='.dat';
   strr=strcat(str1,str2);
   fp=fopen(strr,'w');
   fprintf(fp,'%12.8f \n',a1(:,i)');
   fclose(fp);
end
for i=1:2
   str1=num2str(i);
   str2='.dat';
   strr=strcat(str1,str2);
   b1(:,i)=load(strr);
end
a2=[0.89 0.86 0.88 0.89 0.89 0.88 0.83 0.89;
    0.86 0.86 0.89 0.88 0.89 0.88 0.86 0.88]';
for i=1:2
   str1=num2str(i);
   str2='.dat';
   strr=strcat(str1,str2);
   fp=fopen(strr,'w');
```

```
    fprintf(fp,'%12.8f \n',a2(:,i)');
    fclose(fp);
end
for i=1:2
    str1=num2str(i);
    str2='.dat';
    strr=strcat(str1,str2);
    b2(:,i)=load(strr);
end
aa1=[0.39 0.33 0.32 0.30 0.34 0.30 0.34 0.30;
     0.43 0.43 0.44 0.46 0.44 0.50 0.44 0.45]';
for i=1:2
    str1=num2str(i);
    str2='.dat';
    strr=strcat(str1,str2);
    fp=fopen(strr,'w');
    fprintf(fp,'%12.8f \n',aa1(:,i)');
    fclose(fp);
end
for i=1:2
    str1=num2str(i);
    str2='.dat';
    strr=strcat(str1,str2);
    bb1(:,i)=load(strr);
end
aa2=[0.86 0.86 0.88 0.89 0.89 0.88 0.86 0.86;
     0.90 0.89 0.89 0.88 0.89 0.89 0.89 0.89]';
for i=1:2
    str1=num2str(i);
    str2='.dat';
    strr=strcat(str1,str2);
    fp=fopen(strr,'w');
```

```
    fprintf(fp,'%12.8f \n',aa2(:,i)');
    fclose(fp);
end
for i=1:2
    str1=num2str(i);
    str2='.dat';
    strr=strcat(str1,str2);
    bb2(:,i)=load(strr);
end
aaa1=[0.39 0.33 0.34 0.36 0.34 0.36 0.34 0.30;
      0.43 0.48 0.44 0.46 0.48 0.50 0.48 0.45]';
for i=1:2
    str1=num2str(i);
    str2='.dat';
    strr=strcat(str1,str2);
    fp=fopen(strr,'w');
    fprintf(fp,'%12.8f \n',aaa1(:,i)');
    fclose(fp);
end
for i=1:2
    str1=num2str(i);
    str2='.dat';
    strr=strcat(str1,str2);
    bbb1(:,i)=load(strr);
end
aaa2=[0.89 0.86 0.88 0.79 0.89 0.88 0.86 0.86;
      0.88 0.89 0.86 0.88 0.89 0.89 0.89 0.89]';
for i=1:2
    str1=num2str(i);
    str2='.dat';
    strr=strcat(str1,str2);
    fp=fopen(strr,'w');
```

```
    fprintf(fp,'%12.8f \n',aaa2(:,i)');
    fclose(fp);
end
for i=1:2
    str1=num2str(i);
    str2='.dat';
    strr=strcat(str1,str2);
    bbb2(:,i)=load(strr);
end
aaaa1=[0.49 0.33 0.44 0.46 0.44 0.46 0.34 0.40;
      0.48 0.48 0.44 0.46 0.48 0.50 0.48 0.45]';
for i=1:2
    str1=num2str(i);
    str2='.dat';
    strr=strcat(str1,str2);
    fp=fopen(strr,'w');
    fprintf(fp,'%12.8f \n',aaaa1(:,i)');
    fclose(fp);
end
for i=1:2
    str1=num2str(i);
    str2='.dat';
    strr=strcat(str1,str2);
    bbbb1(:,i)=load(strr);
end
aaaa2=[0.84 0.86 0.88 0.89 0.82 0.88 0.86 0.86;
      0.89 0.89 0.87 0.89 0.89 0.85 0.86 0.89]';
for i=1:2
    str1=num2str(i);
    str2='.dat';
    strr=strcat(str1,str2);
    fp=fopen(strr,'w');
```

```
    fprintf(fp,'%12.8f \n',aaaa2(:,i)');
    fclose(fp);
end
for i=1:2
    str1=num2str(i);
    str2='.dat';
    strr=strcat(str1,str2);
    bbbb2(:,i)=load(strr);
end
% 对测试函数DMT1在不同环境t=0.2,0.4,0.6,0.8下绘制 boxplot
figure(1)
subplot(2,4,1),boxplot(b1,'symbol','ro');
set(gca,'XtickLabel',str2mat('C(1,3)','C(2,3)'));
xlabel('C(i,j)');
ylabel('C-measure');
subplot(2,4,2),boxplot(b2,'symbol','ro');
set(gca,'XtickLabel',str2mat('C(3,1)','C(3,2)'));
xlabel('C(j,i)');
ylabel('C-measure');
subplot(2,4,3),boxplot(bb1,'symbol','ro');
set(gca,'XtickLabel',str2mat('C(1,3)','C(2,3)'));
xlabel('C(i,j)');
ylabel('C-measure');
subplot(2,4,4),boxplot(bb2,'symbol','ro');
set(gca,'XtickLabel',str2mat('C(3,1)','C(3,2)'));
xlabel('C(j,i)');
ylabel('C-measure');
subplot(2,4,5),boxplot(bbb1,'symbol','rc');
set(gca,'XtickLabel',str2mat('C(1,3)','C(2,3)'));
xlabel('C(i,j)');
ylabel('C-measure');
subplot(2,4,6),boxplot(bbb2,'symbol','rc');
```

```
set(gca,'XtickLabel',str2mat('C(3,1)','C(3,2)'));
xlabel('C(j,i)');
ylabel('C-measure');
subplot(2,4,7),boxplot(bbbb1,'symbol','ro');
set(gca,'XtickLabel',str2mat('C(1,3)','C(2,3)'));
xlabel('C(i,j)');
ylabel('C-measure');
subplot(2,4,8),boxplot(bbbb2,'symbol','ro');
set(gca,'XtickLabel',str2mat('C(3,1)','C(3,2)'));
xlabel('C(j,i)');
ylabel('C-measure');
```

附录 4　第 3 章绘制 *U*-measure 示意图的源程序

```
% 算法求得问题的U-measure值导入程序
clear all;
clc;
a=[0.95 0.66 0.62 0.71 0.69 0.68 0.63 0.99;
   0.56 0.86 0.79 0.74 0.70 0.74 0.66 0.95;
   0.59 0.65 0.72 0.50 0.54 0.60 0.74 0.60] ;
for i=1:3
    str1=num2str(i);
    str2='.dat';
    strr=strcat(str1,str2);
    fp=fopen(strr,'w');
    fprintf(fp,'%12.8f \n',a(:,i)');
    fclose(fp);
end
for i=1:3
    str1=num2str(i);
    str2='.dat';
    strr=strcat(str1,str2);
    b(:,i)=load(strr);
end
a1=[0.65 0.76 0.82 0.71 0.69 0.58 0.53 0.79;
     0.86 0.86 0.59 0.74 0.79 0.84 0.99 0.95;
     0.59 0.63 0.72 0.50 0.54 0.50 0.44 0.60]';
for i=1:3
    str1=num2str(i);
    str2='.dat';
    strr=strcat(str1,str2);
```

```
    fp=fopen(strr,'w');
    fprintf(fp,'%12.8f \n',a1(:,i)');
    fclose(fp);
end
for i=1:3
    str1=num2str(i);
    str2='.dat';
    strr=strcat(str1,str2);
    b1(:,i)=load(strr);
end
a2=[0.75 0.76 0.92 0.81 0.99 0.68 0.83 0.59;
     0.66 0.96 0.79 0.74 0.90 0.94 0.76 0.75;
     0.59 0.63 0.62 0.76 0.51 0.79 0.59 0.60]';
for i=1:3
    str1=num2str(i);
    str2='.dat';
    strr=strcat(str1,str2);
    fp=fopen(strr,'w');
    fprintf(fp,'%12.8f \n',a2(:,i)');
    fclose(fp);
end
for i=1:3
    str1=num2str(i);
    str2='.dat';
    strr=strcat(str1,str2);
    b2(:,i)=load(strr);
end
a3=[0.85 0.76 0.62 0.71 0.89 0.68 0.73 0.87;
     0.56 0.66 0.99 0.84 0.70 0.99 0.86 0.65;
     0.59 0.43 0.52 0.60 0.64 0.60 0.74 0.60]';
for i=1:3
    str1=num2str(i);
```

```
    str2='.dat';
    strr=strcat(str1,str2);
    fp=fopen(strr,'w');
    fprintf(fp,'%12.8f \n',a3(:,i)');
    fclose(fp);
end
for i=1:3
    str1=num2str(i);
    str2='.dat';
    strr=strcat(str1,str2);
    b3(:,i)=load(strr);
end
aa=[0.56 0.56 0.79 0.78 0.63 0.88 0.93 0.76;
     0.96 0.86 0.99 0.64 0.86 0.64 0.89 0.85;
     0.59 0.53 0.62 0.50 0.74 0.70 0.64 0.60]';
for i=1:3
    str1=num2str(i);
    str2='.dat';
    strr=strcat(str1,str2);
    fp=fopen(strr,'w');
    fprintf(fp,'%12.8f \n',aa(:,i)');
    fclose(fp);
end
for i=1:3
    str1=num2str(i);
    str2='.dat';
    strr=strcat(str1,str2);
    bb(:,i)=load(strr);
end
aa1=[0.85 0.86 0.82 0.78 0.99 0.88 0.73 0.79;
      0.87 0.86 0.99 0.94 0.79 0.84 0.66 0.65;
      0.65 0.53 0.66 0.49 0.64 0.55 0.64 0.56]';
```

```
for i=1:3
    str1=num2str(i);
    str2='.dat';
    strr=strcat(str1,str2);
    fp=fopen(strr,'w');
    fprintf(fp,'%12.8f \n',aa1(:,i)');
    fclose(fp);
end
for i=1:3
    str1=num2str(i);
    str2='.dat';
    strr=strcat(str1,str2);
    bb1(:,i)=load(strr);
end
aa2=[0.95 0.76 0.67 0.99 0.89 0.78 0.73 0.89;
     0.69 0.78 0.81 0.71 0.70 0.74 0.99 0.75;
     0.59 0.45 0.56 0.66 0.51 0.49 0.69 0.70]';
for i=1:3
    str1=num2str(i);
    str2='.dat';
    strr=strcat(str1,str2);
    fp=fopen(strr,'w');
    fprintf(fp,'%12.8f \n',aa2(:,i)');
    fclose(fp);
end
for i=1:3
    str1=num2str(i);
    str2='.dat';
    strr=strcat(str1,str2);
    bb2(:,i)=load(strr);
end
aa3=[0.65 0.66 0.69 0.51 0.89 0.65 0.71 0.77;
```

```
     0.86 0.76 0.69 0.74 0.70 0.84 0.99 0.65;
     0.59 0.53 0.72 0.60 0.74 0.60 0.54 0.70]';
for i=1:3
   str1=num2str(i);
   str2='.dat';
   strr=strcat(str1,str2);
   fp=fopen(strr,'w');
   fprintf(fp,'%12.8f \n',aa3(:,i)');
   fclose(fp);
end
for i=1:3
   str1=num2str(i);
   str2='.dat';
   strr=strcat(str1,str2);
   bb3(:,i)=load(strr);
end
aaa=[0.56 0.56 0.79 0.78 0.63 0.88 0.99 0.76;
     0.99 0.86 0.78 0.64 0.86 0.64 0.89 0.85;
     0.79 0.53 0.72 0.60 0.54 0.40 0.44 0.40]';
for i=1:3
   str1=num2str(i);
   str2='.dat';
   strr=strcat(str1,str2);
   fp=fopen(strr,'w');
   fprintf(fp,'%12.8f \n',aaa(:,i)');
   fclose(fp);
end
for i=1:3
   str1=num2str(i);
   str2='.dat';
   strr=strcat(str1,str2);
   bbb(:,i)=load(strr);
```

```
end
aaa1=[0.81 0.96 0.82 0.78 0.69 0.88 0.73 0.69;
      0.87 0.96 0.89 0.94 0.99 0.84 0.76 0.65;
      0.55 0.43 0.56 0.49 0.54 0.55 0.54 0.66]';
for i=1:3
    str1=num2str(i);
    str2='.dat';
    strr=strcat(str1,str2);
    fp=fopen(strr,'w');
    fprintf(fp,'%12.8f \n',aaa1(:,i)');
    fclose(fp);
end
for i=1:3
    str1=num2str(i);
    str2='.dat';
    strr=strcat(str1,str2);
    bbb1(:,i)=load(strr);
end
aaa2=[0.75 0.76 0.67 0.81 0.79 0.78 0.63 0.99;
      0.69 0.68 0.61 0.81 0.70 0.84 0.86 0.75;
      0.59 0.55 0.56 0.56 0.51 0.49 0.69 0.70]';
for i=1:3
    str1=num2str(i);
    str2='.dat';
    strr=strcat(str1,str2);
    fp=fopen(strr,'w');
    fprintf(fp,'%12.8f \n',aaa2(:,i)');
    fclose(fp);
end
for i=1:3
    str1=num2str(i);
    str2='.dat';
```

```
    strr=strcat(str1,str2);
    bbb2(:,i)=load(strr);
end
aaa3=[0.85 0.76 0.89 0.71 0.89 0.85 0.71 0.87;
      0.56 0.66 0.99 0.94 0.90 0.84 0.89 0.95;
      0.59 0.53 0.52 0.60 0.64 0.60 0.74 0.50]';
for i=1:3
    str1=num2str(i);
    str2='.dat';
    strr=strcat(str1,str2);
    fp=fopen(strr,'w');
    fprintf(fp,'%12.8f \n',aaa3(:,i)');
    fclose(fp);
end
for i=1:3
    str1=num2str(i);
    str2='.dat';
    strr=strcat(str1,str2);
    bbb3(:,i)=load(strr);
end
aaaa=[0.76 0.86 0.79 0.68 0.63 0.88 0.63 0.86;
      0.99 0.86 0.78 0.68 0.86 0.74 0.89 0.65;
      0.61 0.73 0.42 0.70 0.74 0.60 0.69 0.69]';
for i=1:3
    str1=num2str(i);
    str2='.dat';
    strr=strcat(str1,str2);
    fp=fopen(strr,'w');
    fprintf(fp,'%12.8f \n',aaaa(:,i)');
    fclose(fp);
end
for i=1:3
```

```
    str1=num2str(i);
    str2='.dat';
    strr=strcat(str1,str2);
    bbbb(:,i)=load(strr);
end
aaaa1=[0.71 0.76 0.82 0.79 0.79 0.88 0.79 0.89;
       0.87 0.76 0.89 0.94 0.99 0.84 0.76 0.61;
       0.55 0.63 0.66 0.69 0.54 0.65 0.54 0.66]';
for i=1:3
    str1=num2str(i);
    str2='.dat';
    strr=strcat(str1,str2);
    fp=fopen(strr,'w');
    fprintf(fp,'%12.8f \n',aaaa1(:,i)');
    fclose(fp);
end
for i=1:3
    str1=num2str(i);
    str2='.dat';
    strr=strcat(str1,str2);
    bbbb1(:,i)=load(strr);
end
aaaa2=[0.75 0.76 0.67 0.81 0.69 0.78 0.69 0.69;
       0.69 0.99 0.61 0.81 0.70 0.84 0.86 0.75;
       0.69 0.65 0.56 0.56 0.61 0.69 0.59 0.60]';
for i=1:3
    str1=num2str(i);
    str2='.dat';
    strr=strcat(str1,str2);
    fp=fopen(strr,'w');
    fprintf(fp,'%12.8f \n',aaaa2(:,i)');
    fclose(fp);
```

```
end
for i=1:3
    str1=num2str(i);
    str2='.dat';
    strr=strcat(str1,str2);
    bbbb2(:,i)=load(strr);
end
aaaa3=[0.65 0.76 0.89 0.71 0.69 0.85 0.79 0.87;
       0.56 0.69 0.89 0.94 0.99 0.84 0.89 0.55;
       0.59 0.63 0.82 0.50 0.74 0.60 0.64 0.86]';
for i=1:3
    str1=num2str(i);
    str2='.dat';
    strr=strcat(str1,str2);
    fp=fopen(strr,'w');
    fprintf(fp,'%12.8f \n',aaaa3(:,i)');
    fclose(fp);
end
for i=1:3
    str1=num2str(i);
    str2='.dat';
    strr=strcat(str1,str2);
    bbbb3(:,i)=load(strr);
end
% 绘制U-measure的boxplot程序
figure(1)
subplot(4,4,1),boxplot(b,'symbol','ro');
set(gca,'XtickLabel',str2mat('DFGA','DCGA','DMEA'));
xlabel('Algorithm')
ylabel('U-measure')
subplot(4,4,2),boxplot(b1,'symbol','ro');
set(gca,'XtickLabel',str2mat('DFGA','DCGA','DMEA'));
```

```
xlabel('Algorithm');
ylabel('U-measure');
subplot(4,4,3),boxplot(b2,'symbol','ro');
set(gca,'XtickLabel',str2mat('DFGA','DCGA','DMEA'));
xlabel('Algorithm');
ylabel('U-measure');
subplot(4,4,4),boxplot(b3,'symbol','ro');
set(gca,'XtickLabel',str2mat('DFGA','DCGA','DMEA'));
xlabel('Algorithm');
ylabel('U-measure');
subplot(4,4,5),boxplot(bb,'symbol','ro');
set(gca,'XtickLabel',str2mat('DFGA','DCGA','DMEA'));
xlabel('Algorithm')
ylabel('U-measure')
subplot(4,4,6),boxplot(bb1,'symbol','ro');
set(gca,'XtickLabel',str2mat('DFGA','DCGA','DMEA'));
xlabel('Algorithm');
ylabel('U-measure');
subplot(4,4,7),boxplot(bb2,'symbol','ro');
set(gca,'XtickLabel',str2mat('DFGA','DCGA','DMEA'));
xlabel('Algorithm');
ylabel('U-measure');
subplot(4,4,8),boxplot(bb3,'symbol','ro');
set(gca,'XtickLabel',str2mat('DFGA','DCGA','DMEA'));
xlabel('Algorithm');
ylabel('U-measure');
subplot(4,4,9),boxplot(bbb,'symbol','ro');
set(gca,'XtickLabel',str2mat('DFGA','DCGA','DMEA'));
xlabel('Algorithm')
ylabel('U-measure')
subplot(4,4,10),boxplot(bbb1,'symbol','ro');
set(gca,'XtickLabel',str2mat('DFGA','DCGA','DMEA'));
```

```
xlabel('Algorithm');
ylabel('U-measure');
subplot(4,4,11),boxplot(bbb2,'symbol','ro');
set(gca,'XtickLabel',str2mat('DFGA','DCGA','DMEA'));
xlabel('Algorithm');
ylabel('U-measure');
subplot(4,4,12),boxplot(bbb3,'symbol','ro');
set(gca,'XtickLabel',str2mat('DFGA','DCGA','DMEA'));
xlabel('Algorithm');
ylabel('U-measure');
subplot(4,4,13),boxplot(bbbb,'symbol','ro');
set(gca,'XtickLabel',str2mat('DFGA','DCGA','DMEA'));
xlabel('Algorithm')
ylabel('U-measure')
subplot(4,4,14),boxplot(bbbb1,'symbol','ro');
set(gca,'XtickLabel',str2mat('DFGA','DCGA','DMEA'));
xlabel('Algorithm');
ylabel('U-measure');
subplot(4,4,15),boxplot(bbbb2,'symbol','ro');
set(gca,'XtickLabel',str2mat('DFGA','DCGA','DMEA'));
xlabel('Algorithm');
ylabel('U-measure');
subplot(4,4,16),boxplot(bbbb3,'symbol','ro');
set(gca,'XtickLabel',str2mat('DFGA','DCGA','DMEA'));
xlabel('Algorithm');
ylabel('U-measure');
```